日本近代造船の礎　ヘダ号の建造

Foundation of Western Shipbuilding in Japan

Construction of Schooner Heda

ISBN978-4-907118-54-9
Printed in Japan
Hagoromo Publisher, Shizuoka

刊行に寄せて

一般社団法人ヘダ号再建プロジェクト会代表理事・元戸田村村長
荒川　邦夫

この度、「日本近代造船の礎《いしずえ》　ヘダ号の建造」が刊行される運びとなりました。このことは、私の大きな喜びとするところです。

二〇〇五年（平成一七年）四月一日、戸田《へだ》村は沼津市と合併し、沼津市戸田となりました。そして、戸田通いの象徴的な存在として大正時代から続いていた、沼津港からの連絡船も、二〇一四年の夏をもって、その定期運航を終了しました。

戸田の地形は、三方を山で囲まれ、海につき出した砂嘴《さし》の岬が港を包むように、波静かな入江です。

丹後半島の海上を走る宮津―天ノ橋立―伊根間の丹海汽船航路と、伊豆半島西海岸の沼津―大瀬《おせ》―御浜《みはま》―戸田間の戸田汽船航路は、船の大きさも同じで、船上から見る景色は大変美しく、昔からよく似ていると言われてきましたが、その定期航路は車社会との競合に敗れて双方ともに廃止されました。

早く目的地に着く車の旅、ゆっくりのんびりと行く船の旅、見える景色は全くちがいます。どちらがよいか、旅はいろいろです。

幕末の日露友好の証である洋式帆船ヘダ号建造の話題も、時代とともに忘れ去られつつありますが、百聞は一見にしかず、形あるものは残ると言われております。その為にヘダ号再建プロジェクト会を設立しました。将来ヘダ号を再建するには、先ずは当時の正確な設計図を復元することが必要です。伊藤稔氏にお願いして、数年をかけ、さまざまな角度から調べていただきました。その結果の集大成として本書が出来上がった次第です。

この本で示された設計図と関連資料をもとに、次のステップとして、ヘダ号の再建に向けて進んでいきたいとの思いを新たにしています。

二〇二〇年三月末日

はじめに

本書は、一般社団法人ヘダ号再建プロジェクト会（代表理事荒川邦夫、二〇一六年〔平成二八年〕九月二八日設立）が正式に発足する一年以上前の準備段階から、わたしなりに調べ学んだヘダ号に関する事柄を纏《まと》めたものである。

長年住み慣れた長野市から二〇一一年四月に沼津市に移り住んだわたしが、何故この復元（再建）計画にかかわったかの心理的・社会的背景を知ってもらう一助として、転居した当時に書いた二つの文章を読んでいただくのがよいかもしれない。ひとつは、信州大学工学部同窓会の求めに応じて機関誌「若里」（第六〇号）に寄稿したもの、もうひとつは、沼津市都市計画審議会委員への応募に際して提出した小論文である。

寄稿「沼津に移り住んで」（二〇一一年九月一四日）

退職を機に、かみさんが生まれ育った静岡県沼津市に転居しました。この地でこれからの人生を過ごすことになります。常々人間には「山人間」と「海人間」がいると思っていました。前者は白く冠雪した峻厳な山々を前にした心身の高揚と緊張感を好む人、後者は茫洋とした海と潮の香りをもって心の安らぎを覚える人。沼津に移り住んで、自分は後者に属すると改めて実感しました。

三月一一日の東日本大震災による福島第一原発事故に強い衝撃を受けました。原子の核分裂を発見した物理学を学んだ一学徒としてわたしは、従来から原子力発電（核エネルギーの平和利用）にたいし懐疑的でした。その理由は、核分裂の制御が至難の業であり、また使用済み放射性核燃料の廃棄物が人類に永遠の負荷を強いるからです。四〇年ほど前に、電力会社が盛んに「電気を使いましょう！」と喧伝《けんでん》する一方で、「電力不足を解消するため原発を！」とキャンペーンしている、その自己矛盾した胡散臭さに不快な思いをしたものです。

ですから、福島原発事故には強い怒りと失望を感じました。怒りは東電および今まで原発を安全だといって推進してきたすべての人々と組織にたいしてで、失望はこの事故に適切に対処できない技術（技術者）にたいしてです。三月一一日までわたしは、日本にすでに五四基もの原発が建設さ

沼津市の街並み越しに駿河湾に沿った千本松原を望む。遠方は富士市から静岡市清水区、手前は狩野川。

れている現実を知ることもなく過ごしてきました。この間、東海村や柏崎など各地の原発での深刻な被曝事故や放射性物質漏出事故発生のマスコミ報道に接しながらも。それは原子力開発に係わる研究者や技術者の仕事への暗黙の信頼をもとにしていました。しかし今は、この数十年間彼らは何をしていたのか、との裏切られた思いが深まるばかりです。

　沼津市は伊豆半島西海岸の付け根に位置し、その北沿岸部には延長二〇キロにおよぶ千本松原が連なっています。この辺りは一六世紀後半、しばしば甲斐の武田氏と伊豆の北条氏との間の戦場になり、それら戦《いく》さのため当時の松林は伐り払われました。そこに一人の旅の僧（増誉《ぞうよ》上人長円）が通りかかり、潮風の害に苦しむ住民を見かね「一本植えては、なむあみだ、二本植えては、なむあみだ、……」と経をとなえながら何年もかかって一〇〇〇本の松苗を植え、それが現在の千本松原になったそうです。拙宅近くの香貫《かぬき》山（海抜一九三メートル）から撮った沼津市街地越しの千本松原の写真を掲載しておきましょう。駿河湾に沿って、片浜、原地区を経て田子の浦まで延びる松林の景観がみごとです。わたしの知るかぎり、これに勝る松原はありません。

この千本松原を中心とした沼津市の沿岸部に、一九六〇年代半ば、石油コンビナートと火力発電所の建設計画が、国と静岡県により強力に推進されました。沼津工業高校の教師や三島市の国立遺伝学研究所の研究者らを講師とする学習会が市内広く組織され、市民各階層を巻き込んだ反対運動の盛り上がりの結果、この開発計画は最終的に断念されます。そのような住民運動のお蔭で、今日の美しい姿の千本松原が残ったことを沼津に移り住んではじめて知りました。

沼津市民の石油コンビナート反対運動は、全国紙にとり上げられることが少なかったからか、そこに住む人々以外にはほとんど知られておりません。その後一九七〇年代になると、全国各地に原子力発電所の建設が、国の「新全国総合開発計画（新全総）」とともにはじまっています。当時大学院生であったわたしは、他の学生や教職員と同じように、ベトナム戦争に関心を寄せ、反戦デモなどにも参加していました。少しは社会的・政治的問題にも目をひらいている積もりでしたが、その視野の狭さは今になってみれば明らかです。信州大学工学部に赴任して三十余年の間教育と研究に尽くしてきましたが、原発問題の看過を含め何とも悔いが残ります。この悔いの想いを埋めることが、これからの人生の課題のひとつになるでしょう。

余談ですが、石油コンビナート建設計画の中止後しばらくして、沼津の住民運動は市が計画したごみ焼却場新設に端を発したごみ処理の問題に取り組むことになります。紆余曲折をへて市当局と住民側の協議により得られた方策案は、住民自らがごみを仕分けして出し、市による焼却場での処理作業を軽減するというものでした。ごみの分別収集は、今では全国の各自治体で実施されていますが、それが三五年ほど前に沼津市からはじまったことを知る人はほとんどいないでしょう。それまでごみを一括して捨てていた各家庭のごみ箱が、地域から一斉に撤去された日の光景を、うちのかみさんなどははっきり思い出すことができるとのこと。京都で無給の研修員（オーバー・ドクター）として過ごしていた当時のわたしは、かみさんの実家へ遊びに行くたびに、ごみが分別して出されるのを見ていたく感心したものです。

ところで、三〇年以内に発生する確率が九〇％に近いといわれる東海地震により、沼津市沿岸に押し寄せる津波の高さは九～一〇メートルと予想されています。わたしの家は海抜六メートルで、海岸から約二キロのところにあり、危険地域に含まれます。さらに、近くを狩野《かの》川が流れており、それを地震による津波が遡上することを地域の皆さんが心配しています。それほど東日本大震災の際の津波の脅威は日本人の心に深く焼きついているのでしょう。先日も沼津市で緊急津波避難訓練が実施され、新住民のわれわれも参加しました。

沼津市の南海岸部は入り組んだ地形をしており、駿河湾内での東海地震発生の際、いかにも津波が集中しそうです。しかし、それは漁場として恵まれていることも意味しており、静浦、内浦、西浦など多くの漁港が連なっています。ありがたいことに、これら漁港で朝陸揚げされた鮮魚を市内のスーパーで買うことができます。シラス（かたくちイワシの稚魚）は桜えびと並んで駿河湾の特産のひとつですが、弱い魚のため、通常は陸揚げ後ただちに冷凍するか釜で茹で上げて干しものにします。たまたま五月の連休中に知人と静浦港に釣りに出かけた折に、明け方獲れたシラスが、漁船からつぎつぎと陸揚げされているところに出合い、それを地元漁協のおばさんからただで分けてもらいました。この時期のシラスには狩野川のアユの稚魚が混じるため特別に美味と聞いていましたが、運がよいとこの「生シラス」にありつけます。霊峰富士の麓にして日本有数の長い海岸線をもつこの街には、心配と楽しみが併存しています。

小論文「沼津市の将来のまちづくりについて思うこと」　（二〇一三年一月一五日）

一昨年三月に信州大学工学部を定年退職したのを機に、沼津市に移り住みました。この地を終《つい》の住処《すみか》に選んだのは、家内の実家が市内本郷町にあったことにもよりますが、いままで全国各地を学会などの仕事で訪れたなかで、沼津市がとりわけ気候温暖かつ風光明媚だったからに他なりません。

大学を終えるまでの二三年間を名古屋市で、大学院生時代を含む研究生活の一〇年間を京都市で、大学教員として教育と研究に携わった三二年間を長野市で過ごしました。よく知られているように、名古屋市は戦後都市計画のモデルとなった街であり、京都市は一〇〇〇年以上にわたる日本の文化・政治の中心都市としてあまたの街づくりが実施されたところです。一方、わたしが赴任した三五年ほど前の長野市は、善光寺への参拝者（観光客）こそ訪れていましたが、他の地方都市と同じように、市内の繁華街は夕方七時過ぎには人通りがめっきり減って寂しくなり、シャッターの下りた商店が目につきました。

地方都市の活性化は、沼津市だけではなく全国共通の課題です。その背景には、ここ四〇年ほどの日本の産業構造および流通機構の急激な変化、少子高齢化と人口減少、そしてそれらに伴う人々の生活スタイルや価値観の多様化があります。そのような流れの中で各都市は、その固有の特徴を生かした街づくりを模索しているのが現状です。沼津市も例外ではないと推測いたします。

例えば、長野市に隣接する小布施《おぶせ》町は、栗と葛飾北斎を核にした街づくりを成功裡に実施していますし、長野市南部の松代《まつしろ》町は、真田氏の城下町としての特色と佐久間象山誕生の地であることを売りに街おこしを進めています。長野市内では善光寺門前町の再開発が進行中で、これらの計画立案にわたしの同僚（土木工学科・建築学科）が参画しました。また一九九八年の冬季オリンピック開催を梃子《てこ》にして、長野駅周辺の再開発と市内の道路網整備が図られています。しかしそれにもかかわらず、中心部の旧商店街の活性化はまだ道半ばの感は否めません。

沼津に転居後、この地の歴史とか住んでいる人々の気風、静岡県東部の行政課題などについて、ある程度の知見を得ることができました。いままで住んだ街々での体験と見聞を生かし、これからの人生を過ごすことになる沼津市の将来の街づくりに少しでもお役に立つことができれば幸いです。

目次

凡　例

一、年月日の表示は西暦を基本とし、必要に応じて和暦（元号）を併記することにする。

一、論考「日本近代造船の礎　洋式帆船ヘダ号の設計図を復元する」では、第五章以降において多くの図面について議論する。煩雑さをさけるため、それらに**図**①、**図**②のように番号を振ることにする。

日本近代造船の礎　洋式帆船ヘダ号の設計図を復元する

第一章　はじめに

ヨーロッパを旅していると、各国の港町に、かつて活躍した大型帆船が復元・修復されていて、それを見学に訪れる若者や家族連れの姿をしばしば目にする。彼らにとってこれらの帆船は、経済的にも軍事的にも膨大な利益を自国にもたらした、いわば「建国の礎《いしずえ》」であり、その活躍ぶりや歴史的重要性は子どもの頃から繰り返し語り聞かされてきたのだろう。

一五世紀半ばからの「大航海時代」の幕開けとともに、ポルトガルとスペインによるアフリカ・アメリカ大陸の植民地化がはじまり、両国の間で一四九四年にはローマ教皇の承認のもと、ヨーロッパ以外の新領土の分割方式を取り決めたトルデシリャス条約が結ばれた。これらの植民地支配とともに、その後一七世紀以降のイギリスやオランダ、フランスなどの新興海洋国によるアジア地域での東インド会社の経営は、今日の世界秩序の基礎となる主権国家形成期を迎えていたヨーロッパ諸民族に、甚大な政治的・経済的な影響を与えた。換言すれば、キャラック船やガレオン船のような地球の果てまでも航海可能な大型帆船の開発と建造なくして、現在のヨーロッパ（ひいては世界全体）の姿はなかったに違いない。

　ひるがえってわが国はどうだろうか。古くから日本は、漢字や仏教をはじめほとんどの先進的な文化や技術を中国から取り入れていた。そして大陸から隔たった島国として、それら優れた文物を導入するには、遣唐使船のような未熟ながらも外洋を航海可能な航洋船が必要不可欠であった。

　その後、種子島に漂着したポルトガル船がもたらした鉄砲が、戦国大名の覇権争いに大きな影響を与え、安土桃山時代に南蛮貿易のため建造された航洋帆船が、海外の珍重品を当時の支配層にもたらした。しかし徳川幕府が「鎖国」政策を採用したため、諸外国との軍事的・政治的緊張関係の中で醸成されていく自立国家としてのアイデンティティーを確立する機会を失してしまう。そして明治期に遅れて近代主権国家の形成過程に入った日本にとって、大型航

ガレオン船

弁財船（千石船）

洋船が、経済活動の上で重要な意味をもつことはあっても、「建国の礎」として世界の海で活躍する時代はすでに過ぎ去っていた。

江戸時代初頭に、仙台藩主伊達政宗がスペイン人の協力のもとに建造した洋式帆船サン・ファン・バウティスタ号の復元船や、幕末に徳川幕府がオランダから購入し箱館戦争で使われた開陽丸が、訪れる人もなく海辺に係留されている姿を見るにつけ、日本の船舶海洋文化の底の浅さを思わずにはいられない。けれども、それはある意味、前述した理由を考えれば仕方のないことかもしれない。一方わが国にも、国内輸送に限られていたとはいえ、独自の技術で開発・建造された弁財船（千石船）のような優れた和船の伝統があることも忘れてはならないだろう[1]。

しかし洋船であれ和船であれ、明治以降日本の近代化に果たした造船海運業の重要性への認識が薄れつつある今日、歴史上重要な意味をもった船の復元（再建）を目指すには、今まで以上にその意義と目的を明確にする必要があると思われる。本稿では、幕末一八五五年（安政二年）に静岡県沼津市戸田《へだ》（旧戸田村）で建造された西洋式帆船ヘダ号の復元を念頭に、これらの問題を考察・検討してみたい。

第二章　徳川幕府体制下における大型船建造政策の変遷

徳川家康が政権を掌握し、一六〇三年三月（慶長八年二月）に江戸幕府が発足したからといって、ただちに「鎖国令」が施行されたわけではない。そもそも「鎖国」という言葉は、江戸時代初期には使われておらず、一六九〇年代に来日したドイツ人医師エンゲルベルト・ケンペルが帰国後に著した「日本誌」の一章を、長崎の通詞で著名な蘭学者でもあった志筑《しづき》忠雄が一八〇一年（享和元年）に「鎖国論」と題して訳出したことにはじまる。[2]

家康はキリスト教が国内に広まることを恐れてはいたが、海外との交易による利益には熱心な人物であった。実際、関ヶ原合戦の六ヶ月前の一六〇〇年四月（慶長五年三月）に九州豊後《ぶんご》の海岸に漂着した、オランダ船リーフデ号に乗っていたイギリス人航海士のウィリアム・アダムス（三浦按針）を外交顧問として任用し、彼に伊豆半島の伊東で二隻の洋式船を建造させたほどである。[3] 二隻目のサン・ブエナ・ベントゥーラ号は、房総の御宿《おんじゅく》海岸で遭難した前フィリピン総督ドン・ロドリゴが帰国するのに貸し出され、メキシコのアカプルコまでの太平洋横断を成し遂げている。さらに家康は、東南アジア諸国に使者を派遣して外交関係を樹立し、海外との交易者を海賊などから保護するため一六〇四年頃に朱印船制度を確立した。そして日本の貿易商人だけではなく、一六〇九年に来航したオランダ使節や一六一三年のイギリス使節にたいし、日本のどの港に寄港・停泊してもよいとの渡航許可書（朱印状）すら発給している。

家康の後を継いで将軍職に就いた秀忠は、貿易利益よりもキリスト教の排除に力を入れるようになり、一六一六年（元和二年）に明と朝鮮以外の外国船の寄港地を平戸に限定。その後、数次の海外渡航禁止令を公布して規制を次第に強化していき、最終的に島原の乱を契機に三代将軍家光が、海外との通商を長崎の出島に居住するオランダ人のみに限った（一六四一年〔寛永一八年〕）。

しばしば誤解されているようだが、鎖国体制を補完するために「大船建造禁止令」が施行されたわけではない[4][5]。江戸幕府の発足当初、家康が恐れていたのは、キリスト教徒の信仰心だけではなく、かつて豊臣家の重臣であった西国諸大名の軍事力、とりわけその水軍力だった。秀吉の命による文禄・慶長の役の二度にわたる朝鮮出兵のおり、多数の軍船（関船《せきぶね》や安宅船《あたけぶね》）が造られ、役後もそれらの建造が続いていた。例えば、秀吉の御座船として、志摩国鳥羽の大名九《く》鬼《き》嘉隆《よしたか》によって建造された安宅船日本丸は、全長一八間五尺（三四・二メートル）、幅六間三尺強（一一・八メートル）の千五百石船だった。

一六〇九年（慶長一四年）、豊臣氏との雌雄を決する最終的な軍事衝突が必至と見た家康の指示のもと、二代将軍秀忠は大船没収令を公布した。この没収令は、（一）西国大名に向けられたものであり、（二）対象は五百石積み以上の軍船と軍船に転用可能な商船に限られており、（三）五百石以上の船格であっても海外貿易に多用されていた（水軍では無用の）ジャンク系航洋船は除外されていた。

大坂の冬と夏の陣の後、幕藩体制をより強固なものとするため、一六三五年（寛永一二年）に「武家諸法度（寛永令）」が制定され、その第一七条において「五百石以上ノ船、停止ノ事」として、五百石積み以上の船が西国だけでなく全国的に禁止された。この制限には商船や航洋船は含まれていなかったが、立法趣旨が細かく伝わらなかったため、間違って大型商船の建造が制限されるケースもあったらしい。このような混乱が見られたため、三年後の改訂で「但荷船制外之事」と追記して、制限対象に荷船（商船）は含まれない旨が明示された。

以上述べたように、大船建造禁止令は、軍船もしくは軍船に転用可能な沿岸船を対象としたもので、必ずしも外洋を航行できる西洋式船の建造を制限するものではなかった。実際、先述した如く、西国大名ではない仙台藩では慶長年間の一六一三年に、政宗の命によりガレオン船のサン・ファン・バウティスタ号が造られているし、一六七五年（延宝三年）に泉州堺出身の嶋谷《しまや》市左衛門が、領有権確保のため小笠原諸島を巡見しているけれど、そのとき使われた五百石積みの富国寿丸は、江戸幕府の命により長崎代官が唐船を模して造らせた外洋航海船だった。また田沼意次《おきつぐ》時代（一七六七〜八六年）には、海外との貿易拡大を図ろうとして幕府は、日本・中国・オランダの三国の特徴を併せもつ三国《さんごく》丸を建造している。さらに一八世紀末になると、ロシアの南下政策に対処するため、幕府が建造した船の中には帆装こそ和式だが、船体が多数の水密隔壁で区切られた中国式（ジャンク系）のものもあったらしい[5]。

しかしこのような和洋中折衷船の建造は例外的な事項だったようで、幕末になると、幕閣の間でも大船建造禁止令は鎖国令と同一視されるようになる。当時の政権に大きな影響力をもっていた水戸藩主徳川斉昭《なりあき》は、一八三八年（天保九年）に起草した「戊戌封事《ぼじゅつふうじ》」の中の有名な「神国ハ四面皆海に候へバ」ではじまる一条において、「邪宗門御制禁ニ付、大船も御制禁ニ相成候よし、大船御座候へバ自ら外国へ渡り邪宗へ引入られ候患御座候故、御制禁被遊候事と相見え候」と記している。[6] かくして、二本以上のマストを有し、竜骨（キール）と肋骨（フレーム）を船体の基本構造とする大船（西洋式航洋船）は、祖法にふれるとして、建造が禁止されているとの共通認識が広く確立・流布されていく。

一九世紀も半ばになると、長崎出島のオランダ経由で、中国でのアヘン戦争の経緯やヨーロッパ列強諸国の東アジア進出の状況などがわが国にも詳しく伝えられていた。そのため幕府をはじめ諸藩は、国防上の観点から洋式帆走軍艦の建造法や航洋船の操船技術に強い関心を示すようになる。なかでも進取開明派として知られた島津斉彬《なりあきら》（薩摩藩）や鍋島直正《なおまさ》（佐賀藩）などは、積極的に藩士に造船法を学ばせたり、洋式船に関するヨーロッパの文献収集に努めたりした。その結果、洋式船が竜骨や肋骨を使って、船体にかかる水の圧力に抗《こう》する強度を得ているのにたいし、そのような船体構造がなく単に外板を継ぎ合わせただけの和船の脆弱《ぜいじゃく》性を自覚していく。

ロシア船による蝦夷地襲撃や英仏艦船の日本近海出没といった外交的事件の頻発に引き続き、一八五三年七月八日（嘉永六年六月三日）にアメリカ海軍提督マシュー・ペリーの率いる四隻の黒船

勝海舟（安芳）＝国立国会図書館所蔵

阿部伊勢守正弘＝福山誠之館同窓会所蔵

が浦賀沖に現れた[7]。この急襲ともいえる黒船来航を機に一気に世情不安が高まり、老中首座阿部伊勢守正弘は幕府水軍（海軍）の創設・強化の必要性を悟る。そこで彼は、安政の改革の一環として同年一〇月一七日に大船建造禁止令を撤廃した。

大型船や洋式船の建造が解禁されると、幕府自らただちに浦賀奉行所に洋式大型軍艦・鳳凰丸の製作を命じ、わずか八ヶ月で完成する。ほぼ同時に、薩摩藩は昇平丸、水戸藩は旭日《あさひ》丸などの洋式船を建造。これ以降幕藩体制の終焉までに、幕府と諸藩が建造もしくは外国から購入した洋式船は、合わせて二〇〇隻近い[8]。なお大船建造禁止令の撤廃は、あくまで軍用船を重要視したものであり、商人が西洋船を所有するのを許されるようになるのは、八年後の一八六一年（文久元年）のことである。

初期洋式船の旭日丸や昇平丸などが、「外観だけを西洋船に模しても、内部構造は脆弱不完全で、役に立たない悪船だった」とする勝海舟（安芳）の評価にたいし、実際に輸送船として活躍したとの[9]説もあるようだが、この問題には本稿は立ち入らない。

第三章　一九世紀のヨーロッパにおける造船技術の発達

ヘダ号が建造された一九世紀のヨーロッパにおける造船界の動向を知っておくことはあながち無駄ではないだろう。一九世紀は、それまでヨーロッパ諸国で続いていた絶対王政から立憲王政あるいは共和制へと移行していく、人類の社会発展史の上で革命的な時代だったけれど、造船技術に関しても大きな変革が起こった激動の時代でもあった。大航海時代以来世界の海を席巻していた大型帆走軍艦ガレオン船の活躍に終わりを告げる技術革新の芽は、すべて前世紀のイギリスで準備されていた。その先陣を切ったのが、「産業革命」の生みの親であるジェームズ・ワットによる蒸気機関の開発（一七六九年）で、それに鉄造船の製作を可能にしたヘンリー・コートの鉄板製造法の発明（一七八三年）が続いた。ウィリアム・リットルトンがスクリュープロペラを考案したのは一七九四年のことである。

これらの技術的萌芽があったとはいえ、一九世紀の造船技術の進展は必ずしも順風満帆といえるものではなかった。イギリスで一七八七年に船首尾材は木材ながら船体を形づくる外板が鉄製のトライアル号（八トン）が実験的に造られ、その後一八一九年に本格的な鉄造船バルカン号が建造されるも、当時の王室造船所技術長が「鉄造船の話は聞きたくもない。だいいち、自然に反している！」と叫ぶ始末だった。[10] 鉄造船の信頼性への関心が高まるのは、一八三四年に鉄船ガリー・オーエン号が処女航海において暴風に遭遇したとき、ほかの木造船は難破するも、この船だけは無事だったことによる。鉄より引張り強度が二倍ほど優れている鋼（軟鋼）を使ったウインドア・カッスル号がイギリスで造られたのは一八五八年である。

　ロバート・フルトンの造ったクラーモント号が、単式低圧蒸気機関を搭載してハドソン川を外輪（外車）で運行したのは一八〇七年のことである。外輪船そのものは古くからあったが、船の動力を人力に頼るかぎり、抗力式の櫂《かい》か揚力式の櫓《ろ》が推進力として広く使われていた。しかし最初のフルトンの蒸気船では、回転運動を出力する蒸気機関との機械的な相性（接続性）のよさから外輪が採用される。その後一八四五年にイギリス海軍は、スクリュープロペラ（揚力式）と外輪（抗力式）の性能比較に決着をつけるため、推進装置以外はほぼ同じ姉妹スループ艦の外輪船アレクト号とスクリュー船ラットラー号に綱引きをさせた。その結果、後者が前者を二・八ノットで曳航したことから、スクリュープロペラが有効であると結論。これ以降、船の推進装置は外輪からスクリューに置き換わっていく。

グレート・ブリテン号

一九世紀の造船史において画期的な意味をもったのは、グレート・ウェスタン社の手に成る世界最初の大型鉄造船グレート・ブリテン号の進水（一八四三年）だろう。六本のマストを備え、船体は安全確保のため六個の水密区画に分けられていた。デビュー当時は旧式の外輪船であったが、その後換装し、世界初の実用大型スクリューを装備した商船として、木造船にかわって鉄船の利点を確立した（長さ九六・八メートル、排水量三六一八トン、蒸気機関二〇〇〇馬力、速力一二ノット）。一八五六年には高圧蒸気で稼働する縮小容積の複式エンジンが開発されている。

これら造船技術の革新中も、物資輸送という面では、帆船は蒸気船にたいしてまだ優位を保ったままだった。それは主に、蒸気船が燃料効率の悪い船舶用蒸気機関を使っていたため、大量の自航用燃料石炭を積載する必要があったからである。このことは、諸外国が日本に開国を求めた主な理由のひとつが、太平洋を航行する商船や捕鯨船などの蒸気船のために、石炭を補給する寄港地（貯炭場）がほしかったことからもわかるだろう。

一九世紀の鉄の普及は、帆船のマストやワイヤーの鉄製化を促し、鉄の肋材に木の外板を貼り付けた木鉄船体をもつ帆船の建造を可能にした。蒸気船との競争にたいし不利とされた人件費の問題を解決するため、少数の船員で帆の操作が行えるスクーナー形帆船が北アメリカで発達・多用され、ヨーロッパでも人気を博す。それ以外にも縮帆法や帆の構成などに工夫が加えられた様々なタイプの帆船が建造された。一九世紀は物流量の飛躍的な増大を反映して、帆船史上もっとも多くの帆船が建造された時代でもあった。

　そのような帆走輸送に壊滅的な打撃を与えたのが、フェルディナン・ド・レセップスによりすすめられたスエズ運河の起工（一八五九年）とその開通（一八六九年）である。人工的に掘削されたスエズ運河は幅が狭く、そのうえ運河地帯周辺は無風状態が多いため、帆船は通行できなかった。この脅威に怯むことなく帆船建造者は、蒸気船に対抗できる速さをもつ快速船（クリッパー）を造りだし、中国との茶交易に参入した。しかしこの優秀かつ優美なクリッパー船は、皮肉にも帆船時代の最後を飾ることになり、二〇世紀に入る頃には鉄造蒸気船がその全盛期を迎えはじめる。

ティークリッパーとして活躍したイギリスの快速帆船カティーサーク（全長 86m、全幅 11m、936t）

第四章　ヘダ号建造の歴史的背景と経緯

ロシア皇帝ニコライ一世は、日本との通商および長年両国間で紛争のもとになっていた千島列島と樺太《カラフト》の帰属を定めるため、海軍中将エフィーミー・ヴァシーリエヴィチ・プチャーチンを特使に任命した。そして一八二〇年代に日本に長期滞在したのち国外追放の身となったドイツ人医師で博物学者のシーボルトを招き、日本政府宛の書翰の起草を依頼する。[11] このときシーボルトはロシア当局に、日本にたいしては軍事力で威嚇することなく紳士的に外交し、正規のルートで交渉すべきであると進言した。

若き日のエフィーミー・プチャーチン＝戸田造船郷土資料博物館所蔵

プチャーチン提督率いる遣日使節団は、旗艦パルラダ号からなる四隻の艦隊（軍船二隻、蒸気船一隻、運送船一隻）で日本に向かい、その途中で小笠原諸島の二見港に立ち寄って、本国政府からのシーボルトの助言を勘案した指令書を受け取った。そしてペリーに遅れること一ヶ月半の一八五三年八月二二日（嘉永六年七月一八日）、日本の国法に従って長崎に入港し、長崎奉行に皇

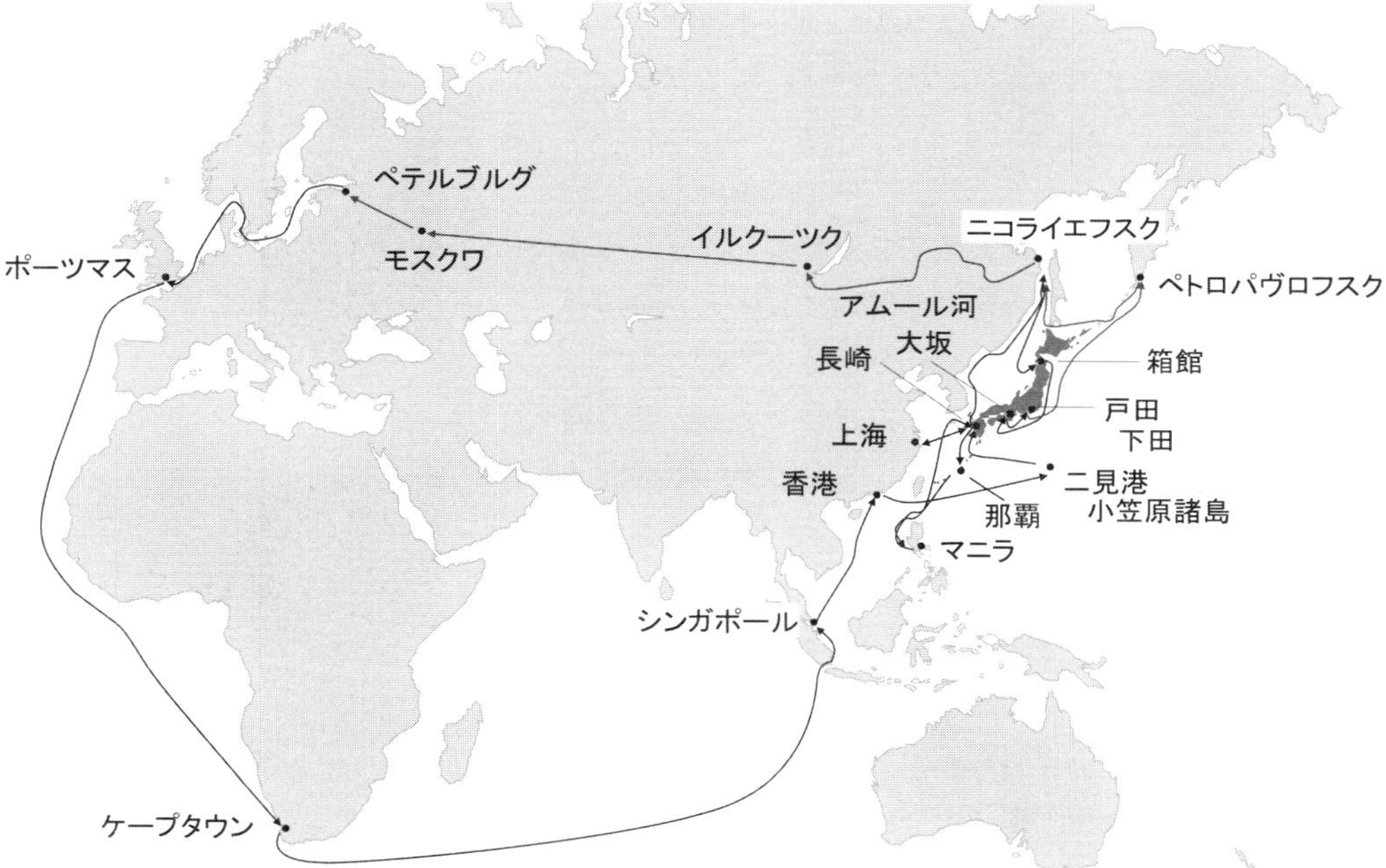

プチャーチン訪日航行経路

川路左衛門尉聖謨＝戸田造船郷土資料博物館所蔵

江川太郎左衛門英龍（坦庵）＝江川文庫所蔵

帝からの国書を提出した。

しかしながら、幕府が派遣した露使応接掛の大目付・筒井肥前守政憲《まさのり》と勘定奉行・川路左衛門尉《さえもんのじょう》聖謨《としあきら》との六回にものぼる会談にもかかわらず交渉は不首尾に終わる。日本側の「カラフト国境は実地調査終了後に決定すべき」との意思表示と、「この末、我が邦において、もし通商を差許しにも相成り候はば、貴国を以てはじめとなすべし。この末、我が邦もし外国々と通商いたし候時もあらば、貴国は土壌相接するの国故、交易ならびにそのほかとも、外国同様に取扱ふべき心得に候[12]」との文書による約束を得ただけで長崎を離れた。このときの、ロシアにたいし最優先もしくは先行国と同一条件で条約を結ぶという趣旨の書状は、幕末期の日本政府が外国使節に与えた通商・和親に関する最初の公文書である。

この年、かねてより海防に関するしばしばの献策・建議により幕閣の注意を惹いていた伊豆の韮山《にらやま》代官・江川太郎

大坂天保山沖の新鋭帆走軍艦ディアナ号＝神戸市立博物館所蔵

左衛門英龍《ひでたつ》（号は坦庵《たんなん》）は、勘定吟味役格として浦賀など江戸湾の海岸検視を命ぜられ、海防掛に登用された。彼は若くして蘭学者の幡崎《はたざき》鼎《かなえ》に師事し、その後渡辺崋山ら開明派人士との交流を通じて海外の動向や知識を吸収するとともに、高島秋帆《しゅうはん》から西洋式砲術を学んでいた。(13)(14) そのような先進的学識を買って幕府は坦庵に、品川沖に一一基の御台場を築造するよう指令。さらに翌一八五四年一月になると、幕府は御台場に備える大砲を鋳造するための反射炉の建設を命じた。こうして彼は、伊豆韮山から日本の政治の表舞台に登場していく。

再来航したペリーとの間で日米和親条約が調印された八ヶ月後の一八五四年一二月四日、プチャーチン提督の乗船した新鋭軍艦ディアナ号（三本マスト、二〇〇〇トン、大砲五二門装備）が、箱館と大坂を経て単独下田湊に入港した。一週間ほど遅れて、先の長崎での交渉と同じ顔ぶれの筒井政憲と川路聖謨が、日本側全権の露使応接掛として下田に到着。一二月二二日、福泉寺で第一回の日露会談が開催された。ロシア側は、日米和親条約と同様の事項をロシアにも認めるように要求し、日本側は言葉巧みに即答を避けた[15]。

明くる朝九時一五分頃、東海道沖を震源とするマグニチュード八・四と推定される「安政東海地震」が発生し、それにともなう大津波で下田の町は壊滅的な被害をうけた。全八五六軒の家屋のうち、八一三軒が流出、二五軒が半潰、一八軒が水入、住民三九〇七人のうち八五人が死亡[16]。このときの様子を「日本渡航記」の中で、プチャーチンの秘書官を務めていた作家ゴンチャローフは、「艦は潮流のままに四方八方へ振り回され、近くの島の岸壁に接近して、あわや胡桃《くるみ》のように粉微塵かと脅されるや、たちまち湾の真中へ投げ出され、（中略）三〇分間に何と四二回転もしたのである！」と記している[17]。艦が傾斜したとき大砲の下敷きになって一人の水兵が圧死、二人が重傷・骨折を負う。異国人との接触を禁じられていた日本人の多くは、ロシア水兵が救助の手を差し伸べるなか、それを拒んで沖へ流されていった。ディアナ号はマストを折られ、竜骨と副竜骨の一部を損壊し、舵を流失するという致命的な打撃をこうむった。

一八五三年から一八五六年にかけて、ロシアはバルカン半島の支配権をめぐってトルコおよびその同盟国であるイギリスとフランスとの間でクリミア戦争に突入しており、プチャーチンは日本近海を航行する英仏両国の艦船に、大破したディアナ号の存在を知られることを極度に恐れた。そのため、幕府が修理地を下田以外には貸与できないとするも、発見される可能性が高いとしてそれを強く拒否する。同じ理由あるいは江戸や東海道の街道筋に近いなどの理由で、三浦半島の浦賀や久里浜、伊豆半島東海岸の稲取や伊東、網代、最南端の長津呂《ながつろ》（石廊崎《いろうざき》）、西南海岸の妻良《めら》や子浦《こうら》、松崎、そして駿州清水、遠州掛塚《かけつか》（現磐田市）なども不適切となり、修理地をめぐる幕閣の対応は混迷。強硬派の徳川斉昭などは、「この際、（ロシア人）五百人を一ヵ所に集め、火をかけて一人も残さず殺してしまえ」と放論し、閣老を狼狽させた(18)。

安政東海地震の津波に襲われる下田湊（丸で囲まれたのがディアナ号）＝戸田造船郷土資料博物館所蔵

幕府から新たに下田取締役に任命された江川坦庵は、一八五五年一月六日に下田に出向き、惨害の状況とともにディアナ号の破損状況を視察し、川路聖謨らと善後策を協議。川路は応接掛の権限でロシア側にも修理地の捜査を許可し、日露合同で伊豆半島の東海岸と西海岸の調査を開始する。その結果、「西へ出で候セルリンゴ（露国海軍大尉）外一同海岸を参り、戸田浦宜しき旨申し出で、同所に成る(19)」として、それまで日本側では話題にすらならなかった豆州《ずしゅう》（伊豆国）戸田浦がロシア人の進言により修理候補地に挙がり、同月一一日に老中らの最終決定をみた。このとき川路は、「異人に御目付・御普請役を添え遣したるに、那賀《なか》郡（君沢《くんたく》郡の誤り：筆者）戸田村と云うを見出したり。それは誰もしらず。勿論、図等には更になし。しかし、よく聞けば良港也。（中略）西人航海術、別段也[19]」と日記に誌している。戸田浦の選定理由として次の四点が挙げられるだろう。（一）砂嘴《さし》と呼ばれる特異な地形の御浜岬《みはまみさき》が戸田湾をふさぐように延びており（巾着湾）、外海から目にふれにくい、（二）御浜岬の内側は砂浜が広がっており、船底を破損しているディアナ号を横倒しにして修理することができる、（三）海側を除く三方が山に囲まれており、日本人の出入りの監視およびロシア人の動きの警戒が容易である、（四）周辺の天城《あまぎ》山系や沼津千本松原から船材に適した材木の入手が可能である。

艦体の重量軽減のため五二門の大砲や弾薬、食料の一部を陸揚げし、幕府の厚意により提供された銅板や銅釘、銅鋲などの修復材料で応急処置をしたディアナ号が下田湊を出帆したのは一月一四日のことである。伴走する和船（六百石船）に下田の役人や江川代官の手代とともにロシア将兵一八名が同乗した。戸田に向かうも折からの風浪激しく、ディアナ号は途中で制御不能となり富士郡宮島村（現富士市）三軒屋浜沖に漂着する。船内への浸水がますますひどくなり、プチャーチンは危険をおかしてでもカッター（救命艇）を使って上陸することを決意。宮島村村民（彼ら自身も津波の被害者だった）の決死の活動により、乗組員五百余名全員が無事救出された[20]。「日本人たちは、激浪がカッターを岸へ放り出すに違いないと見て取り、綱を体に結び付けて身構えていた。そして、カッターが岸へ着くやいなやそれを捉えて、潮の引く勢いで沖に奪われないように、しっかりと支えてくれたのだ！　善良な、まことに善良な、博愛の心に満ちた民衆よ！　あなた方のおかげ

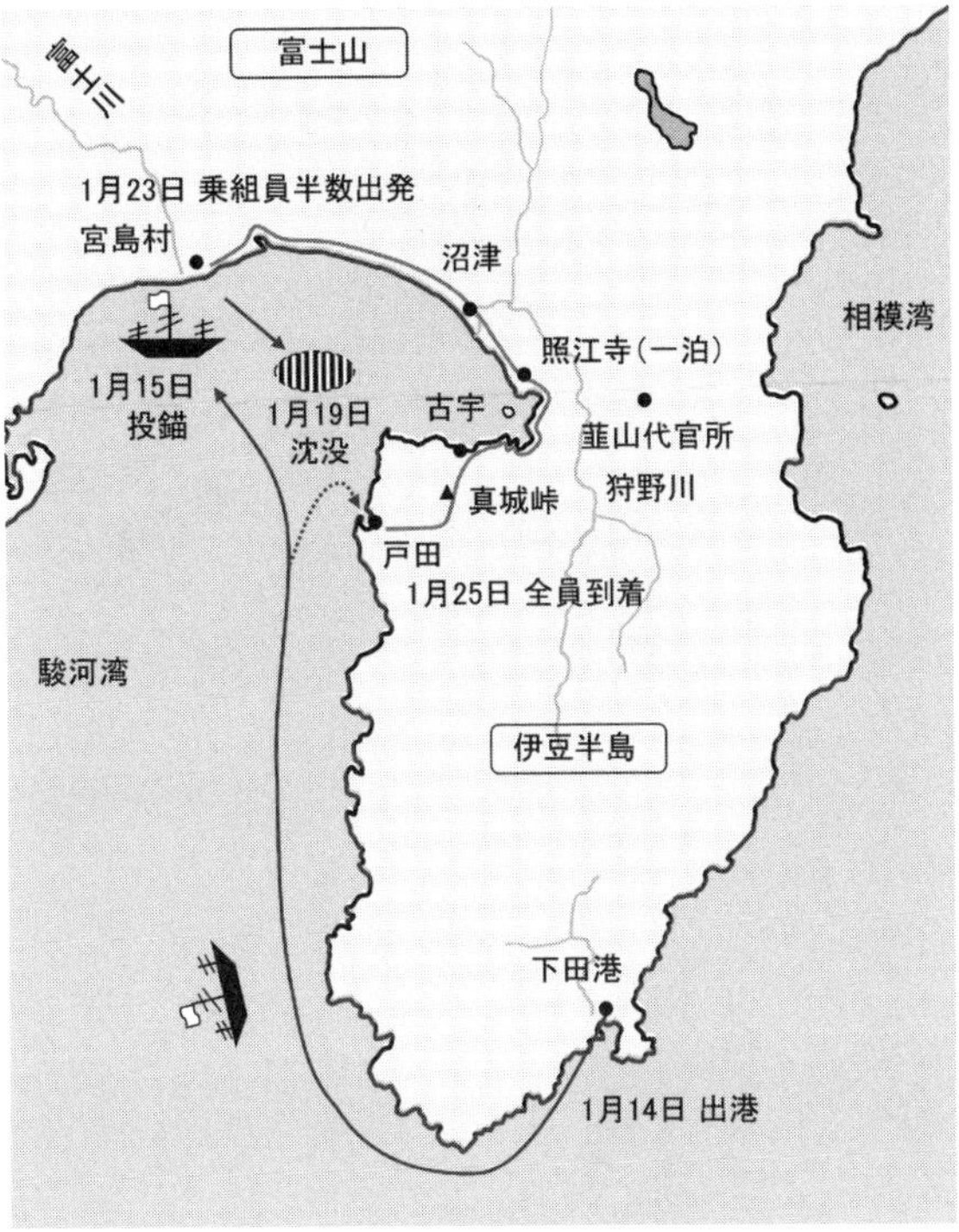

プチャーチン一行の下田—戸田行路

で唯今生き永らえている私たちは、一八五五年一月四日（露暦）の出来事を肝に銘じて忘れないであろう！」、「何人かの日本人が目の前で上衣を脱ぎ、私たちの仲間のすっかり冷え込んで震えている水兵たちに与えたのは、驚くべきことであった」とディアナ号に乗船していたワシーリイ・マホフ司祭長は述懐している[21]。付き添っていた和船の方も宮島村の東に位置する原宿の一本松海岸に打ち上げられ、乗組員全員が辛うじて救助された。

一八五五年一月一五日（嘉永七年一一月二七日）、改元して「安政」となる。その翌朝、幕府から戸田村でのディアナ号修理取締役の内命を受けた江川坦庵は、小田原から引き返す途中の箱根山中でディアナ号

漁船に曳航されるディアナ号＝戸田造船郷土資料博物館所蔵

の宮島漂着の急報を受け取り、ただちに宮島村に急行する。そして到着後すぐさま、名主たちに食料、小屋掛けの処置を命じた。明くる一七日、江川はプチャーチンと会談し、ディアナ号を戸田まで曳航することを決め、そのための船を提供するよう駿河湾最奥部の沿岸に点在する小須《おす》（田子の浦）、我入道、静浦、江浦《えのうら》、三津《みと》などの村々に廻状を出した。

　動員された一〇〇隻とも二〇〇隻ともいわれる船が折からの西風の吹くなか曳航をはじめるも、宮島と戸田のほぼ中間点に達する頃に風雨がにわかに一段と激しくなり、役人たちがどんなに海が荒れても曳綱を切ってはならぬと抜き身で命ずるのも構わず、曳船の一隻が「水船」となったため、漁師たちはディアナ号を切り離して自分の村へ逃げ去ってしまう。その理由を詮索する暇もなく大雨と大浪が襲来し、別の小舟で作業を見守っていたプチャーチンも江浦に逃げ込んだ。無残な姿で漂流する無人のディアナ号が沈没したのは、夜が明けた一九日の昼過ぎだった。[22]

　ディアナ号の沈没を見届けたプチャーチンは、故国に窮状を報告し迎船を呼びに行くことを決意。そのため二一日に代替船の建造を幕府に申し出るとともに、たまたま所持品の中にあったスクーナー形帆船オープイト号の設計図を参考に、部下にその設計を命じた。下田の応接掛川路聖謨らは代替船の件を討議し、「プチャーチンは我が国にロシアの使節として来ている故、（中略）国際信義の上から当然である[23]」として許可し、江川坦庵を建造取締役に内命する（正式発表は一月二三日）。代船建造場所として下田と戸田が挙がるも、最終的に戸田村に決定。幕府がプチャーチンの申し出を許可した最大の理由は、大船建造禁止令の解除にともない、西洋式の構造をもつ船の建造技術を習得する絶好の機会と考えたからに他ならない。後年、勝海舟は「海軍歴史」の中で、「此魯国の一大不幸や、我が幸となり[24]」と述懐している。

川路の書状を受け取った坦庵は、戸田に赴き代船建造の準備に取りかかるも、戸田出役中の幕府御普請役の者が、彼の指示に従わず和船の建造を主張したため、間もなく韮山に帰ってしまう。これを知った川路は非常に驚き、腹心の部下中村為弥《ためや》を戸田に急派するとともに、坦庵に再度の出張を懇請した。坦庵は再び戸田に赴き、ロシア人受け入れのための食料の調達や住居の確保、代船用の建材の手配など、段取り一切を整え韮山に帰った。彼の戸田村滞在はわずか数日に過ぎなかったけれど、その指揮にはじまる洋船建造は、日本海事史上に大きな足跡を残すことになる。

その年の一月末に坦庵は、幕命により病身をおして出府する。しかし繁忙中の過労のため病状は回復することなく、江戸屋敷で三月四日に五五歳で亡くなった。坦庵が急逝すると、子息で三男の英敏《ひでとし》（弱冠一七歳）が後を継ぎ、彼のもと韮山代官手代の面々が洋式船建造事業に尽力することになる。

乗艦ディアナ号の大破・漂流・沈没とうちつづく悲運にあいながらも、プチャーチンは下田で精力的に日露交渉に臨んだ。ロシアを最優先して条約を結ぶとの先の文書による約束にもかかわらず、日米和親条約を締結する破目になった幕閣は、プチャーチンにたいし内心忸怩《じくじ》たるものを感じていたのではないだろうか。

最終的に、筒井・川路ら応接掛との間で国境、領事官駐在、開港場などの諸問題で合意に至り、二月七日（安政元年一二月二一日）長楽寺において日露和親条約が調印された。この条約において懸案の国境画定は、第二条において「今より後、日本国と魯西亜《ロシア》国との境、ヱトロプ島とウルップ島との間に在るべし。ヱトロプ全島は日本に属し、ウルップ島全島夫《それ》より北の方クリル諸島は魯西亜に属す。カラフト島に至りては、日本国と魯西亜国との間において界を分たず、是迄仕来りの通りたるべし」と決着する。

ディアナ号の乗組員全員が、沼津藩・小田原藩・幕府役人一〇〇〇人余の警固のもと、陸路を使って戸田村に到着したのは一月二五日である。当時の戸田村は、村を東西に流れる小さな自井港《じいこう》川を挟んで、北側が旗本小笠原順三郎の知行地、南側が沼津藩主水野出羽守忠良《ただなが》の領分という相給《あいきゅう》であった。[25] 戸数六〇〇軒、住民三〇〇〇人。下田と同様に、安政東海地震の津波により多大な災害をこうむっていた（流失・損壊家屋一三八戸、死傷者五六人、破船二五隻）[26]。そのような窮状のなかで村人たちは、突如の五〇〇名ものロシア人の長期滞在のため大変な負担を強いられることになるものの、疲弊したその姿に同情し、彼らを温かく受け入れた。プチャーチンは、「異国人である我等を、日本人はなぜこの様に親切にしてくれるのか。感謝に堪えない」と礼を述べている。

江川代官の命を受けて、村方との交渉に当たる造船御用掛には、名主や村内有力者のなかから次の八名が選ばれた[27]。斎藤周助、勝呂《すぐろ》弥三兵衛、松城《まつしろ》兵作、太田亀三郎、斎藤雅助、辻平兵衛、服部三左衛門、山田平左衛門。また造船世話掛として、村内の次の船大工棟梁七名が選ばれた。上田寅吉、緒明《おあけ》嘉吉、石原藤蔵、佐山太郎兵衛、鈴木七助、渡辺金右衛門、堤藤吉（彼ら船大工が正式に苗字帯刀を許されるのは一八六五年〔慶応元年〕以降である）。

七名の造船世話掛のもと、伊豆各地から急遽集められた大勢の船大工、大工、木挽、鍛冶職人らが作業に従事した。出身地ごとに組をつくって作業に当たったようで、戸田組五三人、内浦組一二人、松崎組二三人、沼津組五人、土肥《とい》組五人、網代組六人、宇佐美組二人、伊東組四人、下田組二四人の計一三四人にのぼる[28]。もちろん、これらの人数は造船時期によりかなり変動したものと思われるし、上記の組以外の地域からも動員された職人がいたと推察される。

造船場所として湾内北岸の沢海《たくみ》と南岸の牛ヶ原が候補地に挙げられたが、海底の傾斜度、地質、西風の影響、宿舎との距離などを考慮して後者に決まる。従来、ヘダ号を建造したところは牛ヶ洞

沼津市戸田

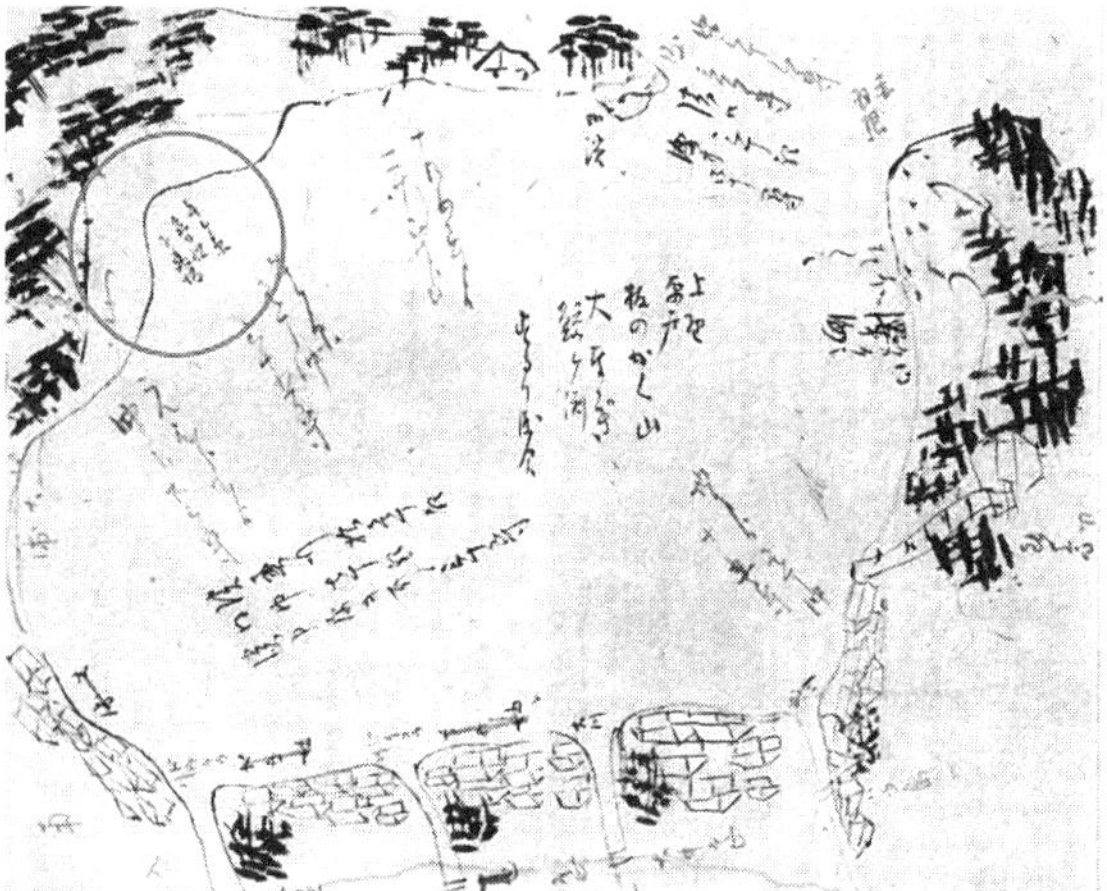

戸田村絵図＝中島三郎助「南豆紀行」より：牛ヶ原魯船打建場を丸で示す。

であるとされてきたが[27]、戸田村の旧紙公図に示されているように、牛ヶ洞地区の狭いながらも海に面した一角は牛ヶ原と呼称されている[29]。従ってヘダ号の建造地としては、「牛ヶ洞」は間違いではないけれど、「牛ヶ原」の方がより正確で適切だろう。実際、文献30をはじめ多くの史料に「牛ヶ原魯船打建場」と明記されている。

造船御用掛の太田亀三郎宅で行われた設計作業は、技術士官アレクサンドル・コロコリツェフ海軍中尉が主導し、他にロシア人士官二、三名が参加。日本側からは造船世話掛の頭取である石原藤蔵が同席した。日露間の意思の疎通は、日本人のオランダ語通詞とロシア人でオランダ語を話せる士官を介して図らなければならなかったし、両者の使う長さや重さの単位の違いも事態を一段と複雑にした。

代替船の建造がはじまったのは二月一〇日前後と推察される。作業は昼夜をついで強行され、設計を担当したロシア人士官の監督・指導のもと、大工や鍛冶職の心得のある水兵たちが日本の職人らとともに仕事についた。その他の乗組員も協力。ほぼ二ヶ月半で船体が完成し、四月二六日（安政二年三月一〇日）に無事進水式を迎えた[31]。戸田村村民への感謝の意を込めて、プチャーチンにより「ヘダ号（Хэда）」と命名された（ロシア人滞在中の村民との交流の一端は文献32と33を参照）。

艤装を終えたヘダ号は試運転を繰り返した後、五月八日、プチャーチンや日露会談で重要な役割を果たした副官ポシェート中佐ら四七名を乗せ、戸田浦を出帆した。操船の指揮は設計図を引いたコロコリツェフ中尉が務める。ヘダ号は南西の風に抗しながら駿河湾を南に向かって帆走。途中のカムチャツカ半島付近で敵艦に遭遇するも、アムール河口のニコライエフスクに六月二〇日に到着した。プチャーチン一行が首都ペテルブルグに戻ったのは一一月も末のことだった。

プチャーチンの肖像画＝戸田造船郷土資料博物館所蔵：彼が帰国に際し士官のミカーヨフに描かせ、村民の厚意に謝して「吾が魂を永久にこの地に留めおくべし」との言葉を添え、知人の辻次左太夫に贈った原画を、大正初年に日本側で精密に模写したもの。

ヘダ号に乗船しなかった残りのロシア水兵や士官らは、敵対国（英仏）以外の国の傭船で帰国している。一回目はヘダ号が進水する以前の四月一一日で、アメリカ船籍の商船カロリーナ・フート号を雇ってレソフスキー艦長以下一六〇名が出帆。二回目はドイツ商船のグレタ号を雇ってプーシキン大尉以下二八〇名の将兵にマホフ司祭長が同行して七月一四日に離日している。このとき、戸田で知り合ったヨシフ・ゴシケーヴィチと共同でのちに「和露通言比考（和露辞典）」を編纂することになる旧掛川藩士・橘耕斎が密出国に成功している。[34]

日露和親条約の調印が終わっていたにもかかわらず、帰国を急いでいたはずのプチャーチンが一回目の帰国船に乗らなかったのは、ひとえに老中阿部正弘ら幕閣が、調印された条約第六条の「ロシア官吏の箱館・下田の駐在」を不可としたことに因る。そのため両国の議論は締結後も難航し、会談場所を下田から戸田の大行寺《だいぎょうじ》に移して継続された。板挟みの川路聖謨は、「実に生死に拘わり候次第に落ち入り候[35]」との悲壮な決意表明をする。それにたいしプチャーチンは、「御前様の御迷惑を欲せずして」として、他国より先に領事館を置かないことを四月一一日に書簡で約束した（同日、一回目の帰国船出航）。彼はこの問題の一応の決着を見てヘダ号に乗船したと思われる。

ヘダ号の優秀性を確認した幕府は、ロシア人から造船技術を伝習した職人を使って同形のスクーナー船一隻を建造するよう勘定奉行松平河内守近直《ちかなお》に命ずる（五月一二日）[36]。六月六日に戸田村での建造船が一隻から三隻に増やされ、その後九月一六日には計画がさらに拡大して、同一船を合計一〇隻建造することになる（そのうち六隻は戸田で、残り四隻は江戸の石川島で）。一二月一一日に六隻が戸田で完成し、江川代官（坦庵の嗣子英敏）が受け取る。翌一八五六年五月二九日、幕府から英敏宛の書付「スクーネル船を君沢形《きみさわがた》と相唱候申渡」[37]において、豆州君沢郡戸田村で造った洋式船を今まで「スクーネル船」と呼んでいたけれど、今後は「君沢形」と唱える旨を伝えた。戸田村のある郡名の「くんたく」と混同しないように、船名の読み方を「きみさわ」と区別して指示したようである。

ヘダ号建造時の船台は牛ヶ原一ヶ所であったが、造船計画の拡大にともない、さらに二基の船台が北岸の沢海に増設された。前述したように、ロシア人全員が七月一四日に戸田を去っているため、君沢形の船はすべて日本人のみによって完成されたことになる。さらに九月二〇日に、七人の造船世話掛のうち上田寅吉と鈴木七助が、新設されたばかりの長崎海軍伝習所に出張を命じられており、それにもかかわらず作業が遅延した形跡がない[38]。これらの事実から、ヘダ号建造開始から五ヶ月の間に、戸田村の日本人船大工は洋式船を独力で建造する知識と技術を十分に蓄積していたと結論できる。[39]

幕府がヘダ号を模範的な洋式船として宣伝した結果、田原藩（現愛知県東部・渥美半島）で順応丸、長州藩で丙辰丸、仙台藩で開成丸、徳島藩で通済丸、加賀藩で有明丸、そして箱館で箱館丸や亀田

大正時代の牛ヶ原造船所跡：（上）陸側から撮影＝勝間田泰平「伊豆鏡」掲載、（下）海側から撮影＝戸田造船郷土資料博物館所蔵。両方の写真ともに、1911年(明治44年)10月に立てられた「露国水師提督プーチヤチン氏造船地旧跡」と記した記念木柱を確認できる。

丸といったスクーナー形帆船が相次いで建造された。

第五章　ヘダ号設計図に関する文献資料の検討

第一節　ロシア側の資料

プチャーチンの指示に従ってロシア人が主導してヘダ号を設計・建造した以上、先ずはロシア側の船体構造に関する文献資料を調査するのが筋だろう。ただしロシア語の原文を読むことは叶わないので、それを和訳したものに限らざるを得ない。

ロシア側のディアナ号およびヘダ号に関連する一連の論文資料は、プチャーチンらが帰国した直後に刊行されたロシア海軍雑誌「モルスコイ・ズボルニク」に発表されている[40][41]。この雑誌は、皇帝ニコライ一世の勅命に基づき、海軍学術（科学）委員会の定期報告書として一八四八年三月に（世界で最初の海軍雑誌として）創刊されており、海軍関係者だけでなく化学者メンデレーエフのような著名な学者や作家なども積極的に寄稿していた。ヘダ号の設計図を描く際に参考にされたスクーナー形帆船オープイト号の記事が掲載されていたのは、この雑誌の第Ⅱ巻 第一号（一八四九年一月）

である。

文献40と41によれば、一八五五年から一八五八年にかけて発表された一〇編以上の論文がヘダ号に関係しているようだが、そのうち次の二編が基本文献と考えられる。

（一）A・コロコリツェフ：「日本におけるスクーナー『ヘダ』の建造[42]」（第XXⅢ巻 第八号、一八五六年六月）。

（二）J・V・プチャーチン：「一八五二―一八五五年における我が日本及び清国方面派遣艦隊の航海に関する侍従将官プチャーチン伯爵の上奏報告書[41]」（第XXⅣ巻 第一〇号、一八五六年八月）。

（一）コロコリツェフ論文の関連部分を、訳文のまま以下に抜き書きする。

（1）船体構造・サイズ

・スクーナー（ヘダ号）の竜骨翼板間の長さは、満載喫水線面においては六七フィート（二〇・四メートル）、甲板面においては七一フィート（二一・六メートル）であった。

・主肋骨は三五本、副肋骨は一一本であった。

・大帆四段、縮帆及び悪天用前帆の下で一一節（ノット）の速力を出した。

（2）船体の内部構造（部屋の配置など）

・縦方向に二個の隔壁により三つの部分に分割されていた。第一の隔壁は、前檣《ぜんしょう》の三フィート後方にあったが、後部の隔壁は大檣の同じくらい後方にあった。

・士官用昇降口の後方には船尾船室の入口があり、入口の側面には組み立てられた大きな箱があり、その上には釣床があった。この船室内には、航海中ずっと八名の者が収容されていたが、定員は一〇名であった。

・舷梯の対称的な両側に隣接して、士官室の食料貯蔵用の二つの小さな区画があった。

・メインマストの前方の主艙口には、竜骨に沿って二個の特別大きな水槽が設置されていた。また、ぴったり前部の隔壁に至るまで樽や俵に入った食料が置かれており、その上には四分の一インチの板が敷かれて、さらに全面が防水布で覆われていた。この面から甲板まで、なお三フィートもの余裕があったので、ここで三五名まで乗組員が収容された。船首の船室内には、ロッカーとベッドがしつらえられ、そこには楽に五名収容することができた。

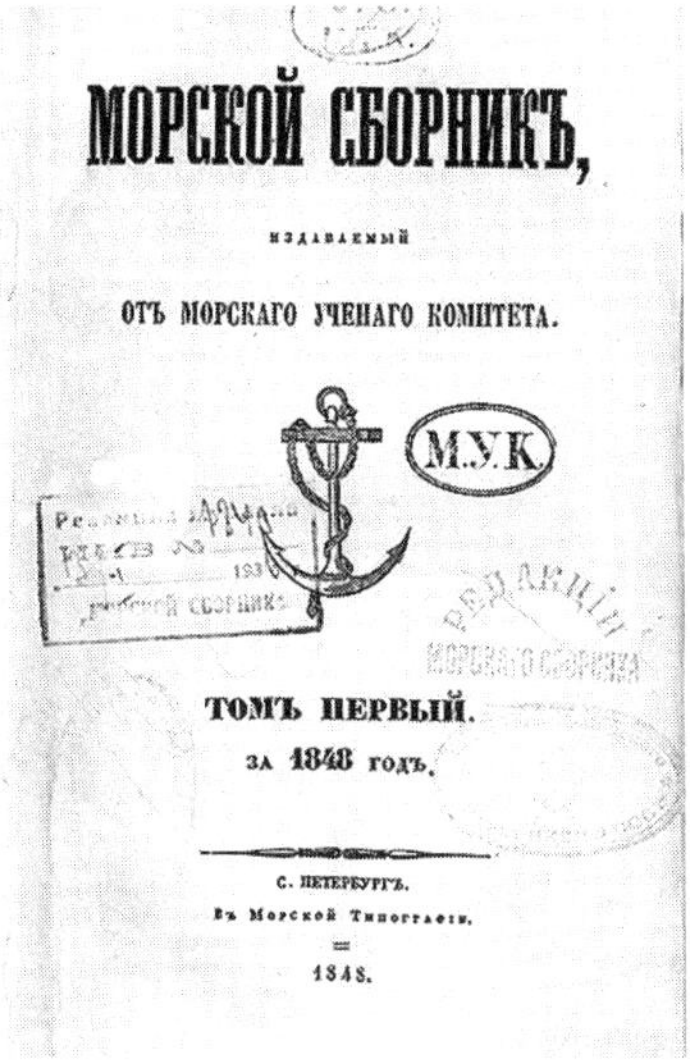
МОРСКОЙ СБОРНИКЪ,
ИЗДАВАЕМЫЙ
ОТЪ МОРСКАГО УЧЕНАГО КОМИТЕТА.
М.У.К.
ТОМЪ ПЕРВЫЙ.
ЗА 1848 ГОДЪ.
С. ПЕТЕРБУРГЪ.
ВЪ МОРСКОЙ ТИПОГРАФІИ.
1848.

ロシア海軍雑誌「モルスコイ・ズボルニク」の第Ⅰ巻（1848年3月刊）

・主艙口の前の上甲板上には、小さな小屋が設けられ、そこでは石で築かれた竈《かまど》（複数）の中に、乗員の食事の炊事用の大鍋が塗り固めて（載《の》せられて）いた。これらの竈の前には、シチュー鍋用の場所のある二つの小さな竈があり、この上で士官用の食物が料理された。

（3）船体の部材

・肋骨用に伐採された松の原木は、極めて多様な曲線のものが含まれていたので、それらの原木から（肋骨の）型に合ったものを選定するのは極めて容易であり、（中略）。すべての原木は、太さに応じて、鋸で二枚、あるいは若干は三枚に挽いて製材された。

・肋骨は油をしみ込ませた紙を挟んで継ぎ足された。油紙は一連の肋骨の間や、副肋骨の接合部や、また殆どすべての継ぎ手に挟んで使われた。

・タールの蒸留に関しては、日本人はどのような知識も有しておらず、（中略）。木の根を割って作った、これらの小さな木片を、内部を壁で覆った円錐形の窯の中に入れ、（中略）。タールが蒸し穴の下部の開口部に向かって、（中略）流れ落ちて来て、（中略）。

・木材の節約と作業時間を短縮するために、甲板用の板は（材木を真っ二つに切った）正反対の平面部分を（左右）平行にして張られ、また固定金具は銅製であった。

・竜骨、船首材及び船尾材は樫《かし》材であり、肋骨や船梁は松材であった。また殆どの外板や甲板は杉材であり、他の部分、すなわち艙口、艙口の縦梁、ビット、檣座は楠《くすのき》材であった。

・江戸から手で叩き伸ばして作られた船体被覆用の銅板が送られて来た。

・すべての水線下の外板部分、水線上の固定金具は銅製であったが、残りの金具等は、鉄製であった。

・船首は三本の肘材で接合された。それらの内、上部のものはホースパイプの上に、中央のものは甲板の下に、下部のものは中央のものから三フィートの所に据えつけられた。

・船尾は、同様に二本の肘材で結合された。しかしながら、すべての肘材は組み合わせたものであり、非常に頼りにならなかったので、上部の肘材には鉄の肘材が張られた。また、船梁は鉄製の角金具により、舷側と結合された。

・板材を直接、打ちつける都度圧し曲げるように努めたが、割れてしまいがちであった。そこで、これらの板材を温室（蒸し風呂）の中に積んで貯えておくことにした。この蒸し風呂は長さ五〇フィートの箱からできており、周囲は地面の中に塗り固められていた。

（4）帆、ロープ、錨《いかり》、滑車など

・日本人は麻布を保有していなかったので、木綿の帆布で帆の縫製が始められた。（中略）若《も》し我々が米国の船が寄港した際にいくらかのロープを購入しておかなかったならば、進水までに所要のロープを確保することはできなかったであろう。

・マストは極めて後方に傾斜していたので、この船にはメインステイ用の滑車の短索はなかった。

・前檣帆は斜桁に沿って、斜桁の根元まで前後に移動できた。縮帆しなければならない時は、前檣帆は斜桁に沿って、引き降ろし索によって斜め下方へ移動させられた後、収帆索によりマストのまわりに絡められる。

・ジブは二枚あったが、そのほかに第二のジブにはボンネット（付加した帆）が準備されていた。

・錨の代わりに、各々二〇プード（三二七・六キログラム）の重さの二個の日本の四爪錨を装備した。（中略）揚錨機がなかったので、錨は手動または滑車によって巻き上げられた。

・二本の九インチの使い古しのロープを錨索の代用とした。これらを前部隔壁の傍らの主艙口に出し入れするため、小さな天蓋が設けられた。

・三孔滑車の輪、その他の削り出しのために、日本人が知らない旋盤が用意された。

（5）進水方法

・スクーナーの建造が終わりに近づくに従って、我々がどの様にして進水させるのかということが、日本人にとって益々関心の的となって来た。（中略）彼等は船の滑り台（船を乗せる橇《そり》）を準備し、進水用の二列の角材からなる地上の土台と長さ三〇フィート（九・二メートル）の岸辺の架台を作製した。この架台は、進水用の土台を水深一二フィート（三・七メートル）の所迄延長させるために役立ったに違いない。

・最高潮位になるや否や、最初の命令が下された。我々は支柱を叩いて外し始めたが、（中略）。この後で繋止索《けいしさく》を切断し、長い梃子《てこ》を軽く動かすと、スクーナーは先ず始めは静かに、次いで徐々に早く、（中略）船台上を滑り下りると、水上でゆったりと揺れ始めた。

（6）その他

・船尾に合わせて三〇〇プード（四九一四キログラム）のバラストが搭載された。

・スクーナーには六挺の日本の櫓が装備され、このために両舷の舷越しに三本ずつ四角の細い角材が突き出して取り付けられた。角材の一方の端は、ハッチの縦材に開けられた受け座に嵌め込まれており、一方、一・五フィート舷外に突き出した他の端には、これによって漕ぐのではなく、（水を）かき回すための櫓の支点としての役目を果たすほぞが差し込まれていた。

（7）付注

・我々は日本人たちに、スクーナーの進水迄に、あと何をすればよいのか、できるかぎり多くのことをすべて伝えるように苦心しながら、設計図、帆、索具やすべての用具類を引き渡して来た。

（二）プチャーチン論文の関連部分を、訳文のまま以下に示す。

・私たちの権益をイギリス人とフランス人たちが奪取しようとする企てから掩護しながら、日本人たちは、明らかに私たちに好意を示し、また大変私たちの境遇を気遣っておりました。それで私は、皇帝陛下の御意思に基づき、日本政府にたいし、彼等の所に残されているフリゲート（ディアナ号）の大砲（五二門）を、贈り物として受納されたいとの申し出が伝えられるのでありますれば、このことは、必ず彼等にたいする、正に真に貴い御礼の印となるに違いないと確信致しました。

・私たちが離艦して上陸した宮島部落の中には、地震によって破壊されなかった家は一軒も無かった、ということを付け加えて言及するのであれば、彼等の私たちにたいして示された博愛精神に溢れた気遣いは、極めて大きな称賛を受けるに値する行為でありました。

・私たちが居住していた「戸田」の地を記念して、私がその地名を命名して進水し、出帆する準備が整いました。

・カムチャートカ到着の夜、霧の中から、麓から山頂まで雪に覆われたアワーチャ湾の高い陸地が現れて来ました。霧が晴れた時には水平線上に四隻の軍艦が姿を現しました。（中略）私たちの状況は厳しかったのでありますが、凪《なぎ》を活用致しまして、私はスクーナーの櫓を用いて、できるだけ早く錨泊地に到着することを命じました。数時間櫓を漕いだ後で、弱い風がしばらく吹き、午後六時にはスクーナーはペトロパーヴロフスク湾の内湾の入口付近に投錨致しました。

・私たちの四〇日間にわたる航海は終了致しました。（中略）スクーナー・ヘダは哨所に引き渡されました。これは私が日本の政府と交わした、機会があり次第、本拠は箱館または下田に送り届けるという約束のためであります。

・（付注）この論文には、パルラダ、ディアナ、ヘダ等の航跡図と入港地沿岸測量図が添付されている。

プチャーチンが重要任務を受令した遣日使節団の代表責任者であり、彼の論文が皇帝への帰国報告書であったことを考慮するならば、その中にヘダ号の船体構造に関する記述がないのも肯《うなず》ける。

しかしプチャーチンとコロコリツェフはともに、ヘダ号が日本式の六挺櫓を装備していたことに言及している。それほど六挺櫓は彼らロシア人に強いインパクトを与えたということだろう。

コロコリツェフ論文には六挺櫓について、さらに次のような記述がある。「我々が、彼等から櫓を採用したということは、日本人にたいし大変な好印象を与え、彼等は、更に一層櫓が役立つように、我々に助言を与えることに務めた」。そして、「櫓を漕ぐと、状況が良ければ、三・五節（ノット）迄の速度が得られた。それで、我々は五月一〇日（露暦）ペトロパブロフスクにおいて、凪の下に敵の視界内を逃走する際、約一八浬（海里）を櫓によって航走し通した。このような櫓で漕ぐ場合、波浪の下では我々のオールにたいして劣るが、平穏な天候の下では多大な優越性を有する」。

こと洋式船に関して、当時のわが国は明らかにロシアに比して後進国だった。そんな日本の船大工が薦めた和式の櫓をロシア人が採用したとき、彼ら船大工の喜びは如何ほどだっただろうか。自分たちの伝承技術に誇りを感じたにちがいない。ヘダ号の建造は、ロシア側からの一方的な技術供与ではなく、（たとえ一部とはいえ）そこに日本の経験と技術が生かされたことは、日露両国の技術交流を考える上で大変興味深いだけでなく、わが国における先進的西洋技術の受容史を考える上でも、記憶されるに値する出来事だったと思われる。

日本側でヘダ号の関連資料を入手もしくは保持した可能性があるのは、徳川幕府、江川代官、沼津藩、駿府町奉行、開明派諸大名、戸田村の六ヶ所だろう。以下において、これらの可能性についてそれぞれ検討していくことにする。

第二節　日本側の資料

幕府が西洋式船建造術の習得を目的に、費用約三一〇〇両（ただしロシア人の労賃と食費代は含まない）[43]を全額負担までして、ヘダ号建造を許可した背景を考えると、彼らがその作業の進捗状況に無関心だったはずはない。実際、老中阿部正弘は洋式帆走軍艦・鳳凰丸の建造を担当していた浦賀奉行所与力の中島三郎助を戸田村に派遣しており、彼の出張した際の見聞録が「南豆紀行」[44]として残されている。しかし中島が戸田に到着したときには、肝心のヘダ号は前日に出帆してしまっていたため、船体構造についての記述はない。が、このとき描いた湾内の地図に「牛ヶ原　魯船打建場」と記入されているのが注意をひく（42頁参照）。また、戸田に駐在していた川路聖謨配下の支配勘定・上川《うえかわ》伝一郎の上申書が残されており、そこには「長サ拾弐間余（約二二メートル）、幅弐丈余（約六メートル）、深サ弐間余（約三・六メートル）。檣《しょう》（マスト）二本、舳《へさき》（舳先）の方にヤリ出（バウスプリット）といい、長さ九尺余（二・七メートル）の矢帆を取り付け、船の形は舳《みよし》（水押、船首）

の方が細メで艫《とも》（船尾）の方に丸ミがある。艫の方の長さ四間（七・三メートル）分へ使節と士官八人の部屋を造った。日本式の艪八挺を備えた」[45]と記されている。これら以外にも幕府関係の資料があるとすれば、それらは東京大学史料編纂所か国立国会図書館に所蔵されているかもしれない。

建造取締役の韮山代官・江川太郎左衛門英龍（坦庵）は、ヘダ号建造の端緒において重要な役割を果たしているが、作業の進行・完了を見届けることなく急逝している。その後を継いだのはまだ若い英敏であった。坦庵や英敏の関連する資料を継承・保管する公益財団法人江川文庫には、当時の造船記録をまとめた「戸田村御用留」という文書があったらしいが、明治一〇年代にはすでに行方がわからなくなっていたとのこと。[46]幕府など他の役所（役人）と交わした公文書のような代官職としての書類が若干残っているだけである。ただヘダ号ではないけれど、その同形の後継船である君沢形船六隻（壱番船～六番船）についての建造総費用（一万七七二両余）や試験航海、運用、破損の状況などを記した文書、箱館や石川島造船所への戸田製チャン（木タール）の送付といった御届書が残されており、さらに君沢形船の残木で造ったという小型の韮山形船に関する「韮山形スクーネル船組方諸色之書付」には、その船体サイズと建造法の概略が記述されている。[47][48]しかし江川文庫には未整理の資料がまだあるらしく、今後の調査・公開に期待したい。

沼津藩水野家は、戸田村内のロシア人居住区を警備する大名として、ヘダ号建造時には彼らの監督・取締りなどの任に当たった。沼津藩藩士で画家谷文晁の直弟子でもあった山崎継述《つぐのぶ》の「嘉永七甲寅歳　地震之記」が沼津市明治史料館に所蔵されており、[49]その中の「魯夷船漂流話」で、「異人共は船をうしなひければ、戸田へおくるに我小船をおそれ陸路を行かん事を願ふ、依て七日八日両日五百人沼津駅を通行す」と誌すとともに、プチャーチンやロシア水兵らの戸田村までの道中の様子を筆致豊かに描写している。それ以外にも、沼津を通って戸田まで移動したロシア人との間で交流があったと推測される、内浦小海村民のロシア語単語のメモ帳（覚書）なども残っているが[50]、ヘダ号の船体構造についての書類は、沼津藩の任務から察するに明治史料館にはないだろう。

ヘダ号とは無縁のはずの駿府町奉行所が、造船資料に関心があったとは思えないが、公益財団法人東洋文庫所蔵の「プーチャチン以下露国船来朝戸田浦にて軍艦建造図巻」が駿府町奉行・貴志《きし》孫太夫の筆になるとの説があり[51]、あながち可能性がないわけではない。しかもこの図巻にはヘダ号の進水式だけではなく、帆走する船そのものの絵図もあり、第一級の資料であることは間違いない。駿府町奉行所関連の資料があるとすれば静岡県立中央図書館だろうが、現在調査はそこまで及んではいない。

幕末の開明派諸大名は洋式船に強い関心を示しており、彼らの家臣がヘダ号建造時の戸田村を相次いで訪問している（水戸藩の鱸《すずき》半兵衛、小幡算右衛門、佐賀藩の愛野忠四郎、中原作兵衛、原平介など）。ただしそれら家臣の帰藩報告書を見る限り、船体構造に言及した記述は見当たらない[52]。福井藩藩主松平春嶽が入手したという君沢形スクーナー船の絵図は福井県立図書館に、田原藩で建造した君沢形順応丸の木板に描かれた絵図は田原市博物館に所蔵されている。田原藩家老・村上範《のり》

ロシア水兵らの戸田村までの道中の様子を描いた山崎継述の絵＝沼津市明治史料館所蔵：（右上）傷病兵の搬送風景、（右下）犬の如く地面に寝転ぶ水兵たち、（左上）先頭を歩くプチャーチンと見物人、（左下）沼津城下狩野川の市場の渡し。

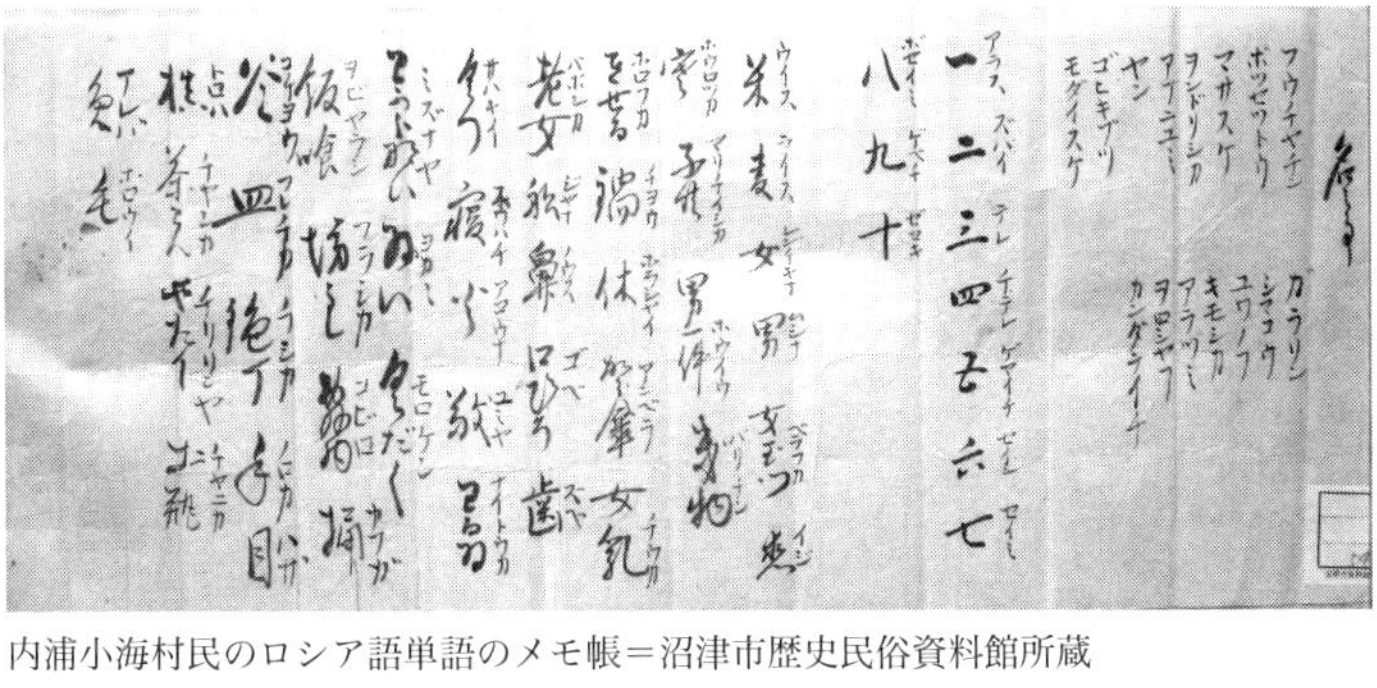

内浦小海村民のロシア語単語のメモ帳＝沼津市歴史民俗資料館所蔵

太田亀三郎＝戸田造船郷土資料博物館所蔵

致《むね》の「手扣《てびかえ》」には順応丸船体のサイズが記されており、それによると「船長十三間五尺二寸（二五・二メートル）、船幅三間二尺四寸（六・二メートル）、喫水二間一尺二寸（四メートル）、甲板縁より船底迄二間三尺二寸（四・六メートル）」[53]となっている。またこの文献には、四枚の帆布の形状と各辺の長さが詳述されている。

戸田に残された関連資料は、文献28によれば、造船御用掛であった太田家の文書十数点と勝呂家の文書数点のみで、しかもその大半は、「露西亜船製造職人出面」のように、建造に関わった職人の出勤簿や賃金、木材・釘など造船や建物にかかった諸経費などの書上げのようである。これらの金銭出納簿の類から、下田の源左衛門や市蔵、松崎の治三郎、土肥の忠七、沼津の八左衛門、そして戸田では七人の船大工のほかに木挽の治郎右衛門のように動員された職人の名前を読み取ることができるが、それ以外にも注意深く見ていくと、造船に関連する重要な事柄が記録されているものがある。

太田亀三郎が安政二年（一八五五年）正月吉日に書いた、戸田造船郷土資料博物館所蔵の「露西亜船製造木品書上控」には、「牛ヶ原絵図小屋　桁行十二間　梁間三間　壱ヶ所、此平坪三十六坪　代金四十五両弐分」、「牛ヶ原鍛冶小屋　桁行四間　梁間二間　壱ヶ所、此平坪八坪　代金拾壱両也」

と記されている。従ってこの書付から、牛ヶ原の造船現場に、原寸大の絵図面をもとに資材を加工することができる広さを備えた木工（絵図）小屋と、鍛冶職人が仕事をする金工小屋の二棟が建てられたことがわかる。これらの作業小屋以外にも、外板用の板材を折り曲げるための蒸し風呂小屋や御詰所のような簡易小屋もあったようだが、その坪数など詳細はわからない。

さらに興味ある記録として、やはり亀三郎が書いた、安政二年四月吉日の日付のある「御製造スクウー子《ネ》ル船十分一小形諸入用」という書付が残されている。安政二年四月というのは、西暦で一八五五年五月一六日～六月一三日となり、幕府が勘定奉行松平河内守に、ヘダ号と同形のスクーナー船一隻を戸田で建造するように命じた五月一二日（西暦）の直後に当たる。従って、この書付の表題から推して、船大工たちがその命令に対処すべく、ヘダ号の一〇分の一のサイズの小型模型船（雛形）を自力で製作したのではないかと推察される。この当時、雛形の製作は、未経験の船を建造するときの常套手段だったらしく、旭日丸や鳳凰丸を建造する際にも造られたようである。そのための材料や費用が、「四十三匁六分壱厘　銅板十八枚」、「無節檜板（長サ）壱間（厚ミ）四分（幅）八寸　八枚舩皮板　代八匁」、「杉板（長サ）壱間（厚ミ）壱寸

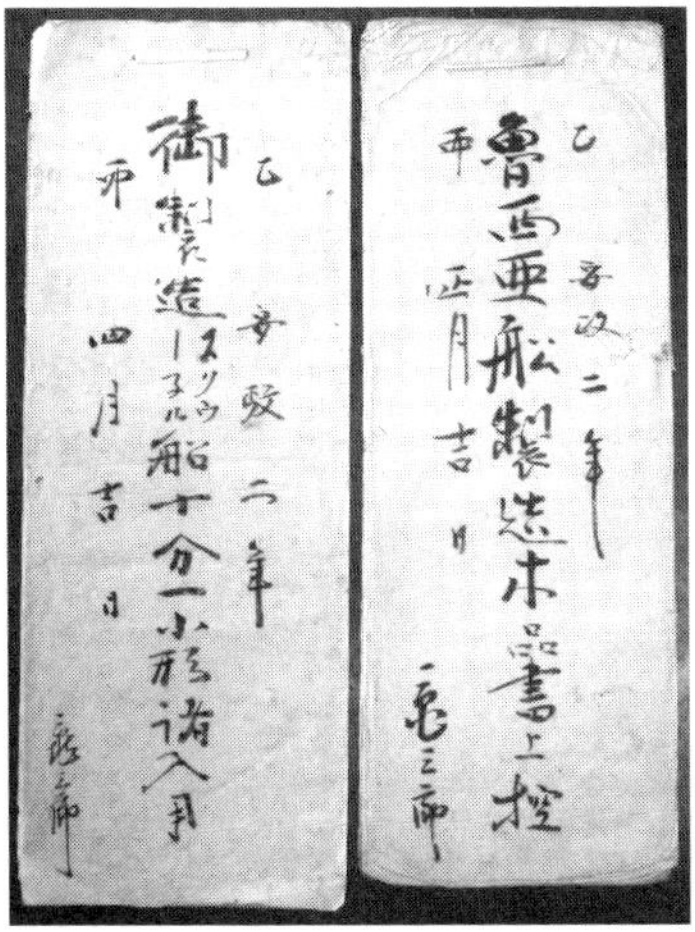

太田亀三郎の二冊の書付の表紙

（幅）六寸　弐枚　船台長持椽　代壱匁六分」、「松（長サ）九尺二寸角　三本　代弐匁四分六厘」、また賃金が、「三百七十八匁　大工八十四人」などと記載されている。実際にスクーナー船の建造がはじまるのは同年六月一六日（和暦五月三日）だから[54]、それまでの一ヶ月ほどの間、彼ら船大工は、ヘダ号の建造で培った知識を自家薬籠中のものにしようとしたのではないだろうか。幕末期の職人（技術者）が進取の気性に富んでいた好例のひとつだと思われる。

帰国に際してロシア人は、双眼鏡、海上用気圧計、カメラ、測深装置、六分儀、方位コンパス、海図などいろいろな船舶海洋関連の貴重品を世話になった日本の関係者にプレゼントしたようで、それらの一部は今でも残っている。一方、コロコリツェフは論文の中で「設計図、帆、索具やすべての用具類を（日本人に）引き渡して来た」と書いているけれど、そのような設計図や索具は見つかっていない。しかしだからといって、船体構造に関係した文献や資料が戸田に残されていなかったわけではなく、それらを次節で検討する。

第三節　戸田に残された船体構造に関する資料

沼津市と合併する前の戸田村の教育委員会が発行した村誌「ヘダ号の建造―幕末における―」には、太田家より寄贈された原図をもとに描かれた君沢形スクーナー船の設計図が掲載されてお

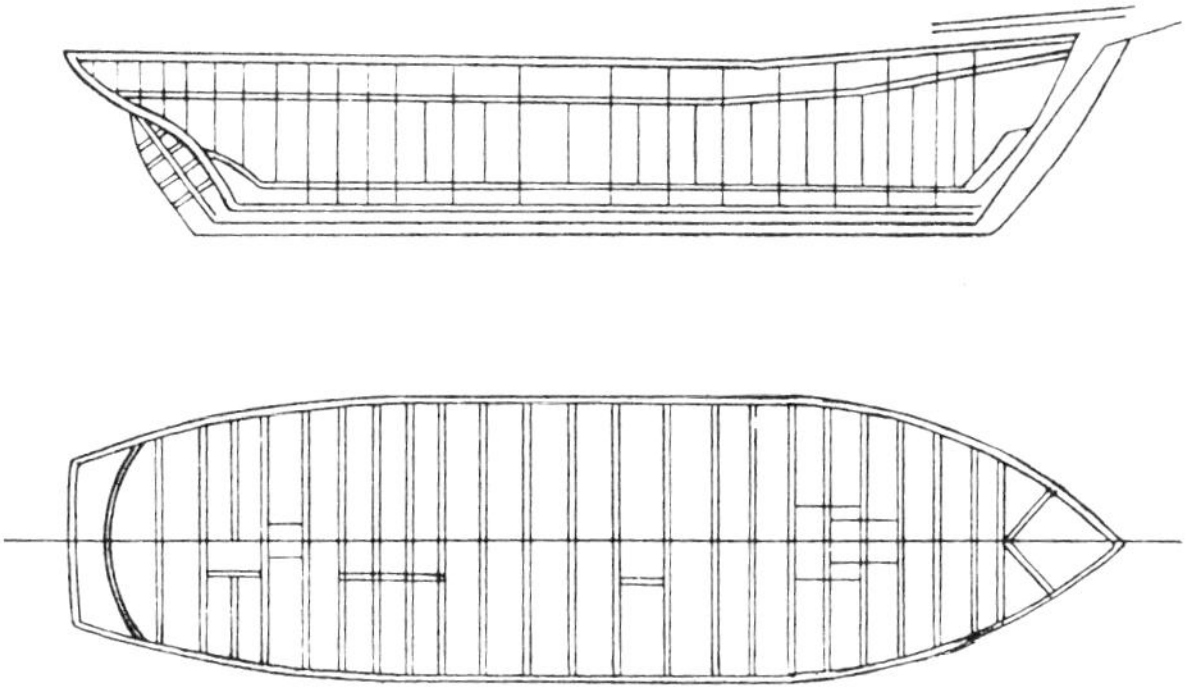

太田家所蔵の原図による君沢形船設計図（**図**①）

り[55]、それを**図**①として示す。この**図**①の側面図からは竜骨や肋骨構造の様子がわかるし、平面図からは梁構造や船首・船尾の形状などがわかる。

「ヘダ号の建造」にはヘダ号の船体構造について、次のような数値が記載されている。[43] 総長八一尺一寸（二四・五七メートル）、竜骨の長さ六二尺五寸（一八・九三メートル）、最大幅二三尺二寸（七・〇二メートル）、深さ九尺九寸（約三メートル）、肋骨の心距中央部一尺七寸五分（〇・五三メートル）、周縁一尺五寸（〇・四五メートル）、梁心距一尺五寸乃至四尺五寸（〇・四五〜一・三六メートル）、二本マスト、積載量八七・五二〜一〇〇トン、五〇人乗り。これらの数値はコロコリツェフ論文に比べてより詳細であり、ヘダ号の基本サイズとして学術論文や本などでしばしば引用されている。

さらに、ヘダ号の設計図作成の現場に参席した、造船世話掛頭取の船大工石原藤蔵の描いた平面図（**図**②）、側面図（図③）、正面線図（図④）、帆柱図（図⑤）が、戸田造船郷土資料博物館に寄託されている。従来、これら藤蔵の設計図は、紹介されることはあっても研究対象として取り上げられることはなかった。

今となっては、これら四枚の設計図がヘダ号のものなのか、あるいはそれをもとにして造られた君沢形のものなのか確かめるすべはないが、正面線図の左隅に「十分一」と記されているのがヒントになるかもしれない。先に述べたように、ヘダ号と一隻目の君沢形船（壱番船）建造の間に、一〇分の一の小型サイズのスクーナー船模型（雛形）を試作したふしがあり、そのとき同時に、これらの設計図も描かれたのかもしれない。この推測が正しければ、これら藤蔵の図面は、ヘダ号を一〇分の一に縮小した小型模型船を造る際に参考にされた可能性が出てくる。ことの真相は推測の域を出ないけれど、いずれにしろ設計図を復元する上で、これらの図面が基本資料となり得ることに異論はないだろう。

余談ながら、日本の船大工は伝統的に設計図をもとに造船するという習慣はなく、もっぱら親方や先輩からの「木割」（各部材の寸法の割合）の口伝と自らの経験をもとに船を造っていた。航海の安全と豊漁を祈願して海辺の神社などに奉納された和船の絵馬は各地に保存されているけれど、その設計図が残されていない所以である。その意味でも、日本人の手になる江戸時代末期の設計図が戸田で受け継がれてきた意義は大きい。

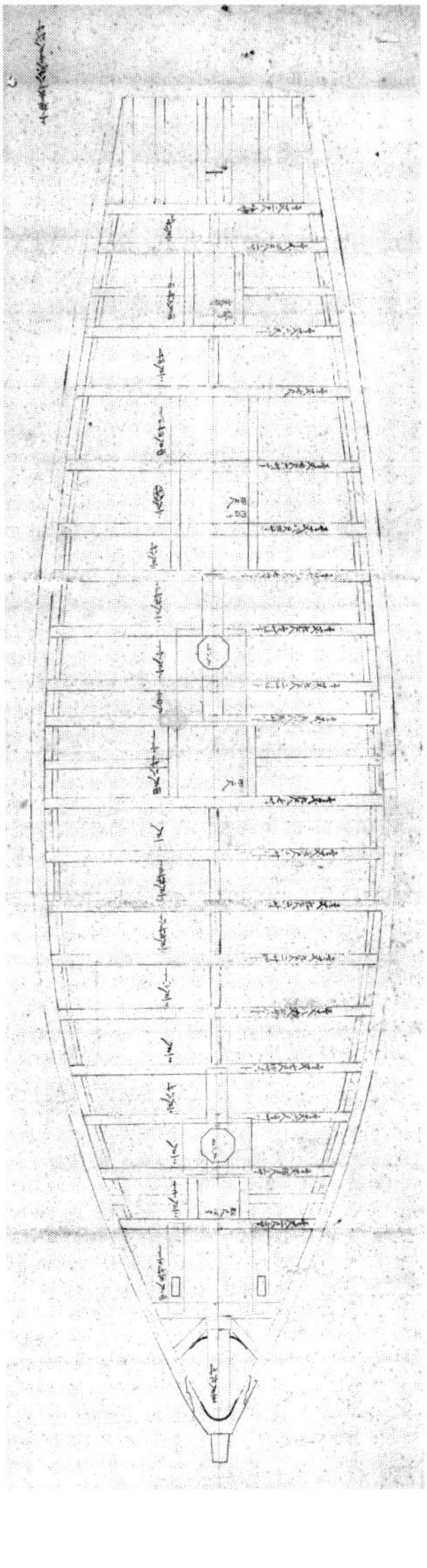

藤蔵の平面図（図②）

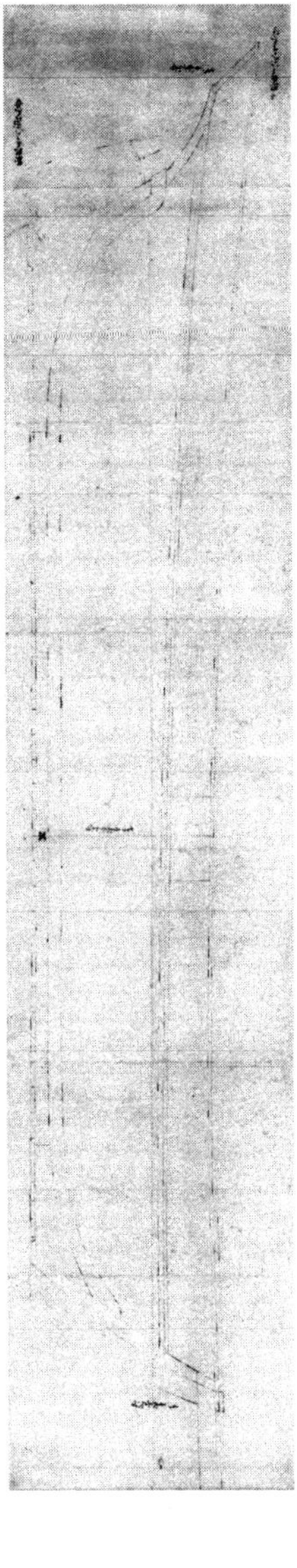

藤蔵の側面図（図③）

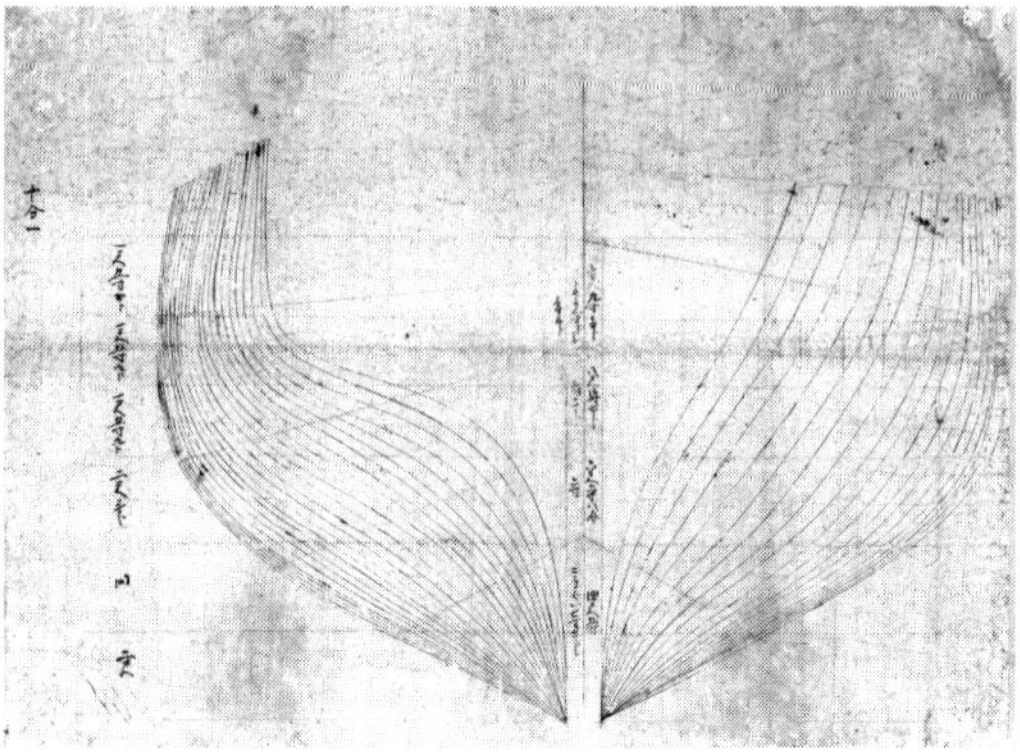

藤蔵の正面線図（**図**④）

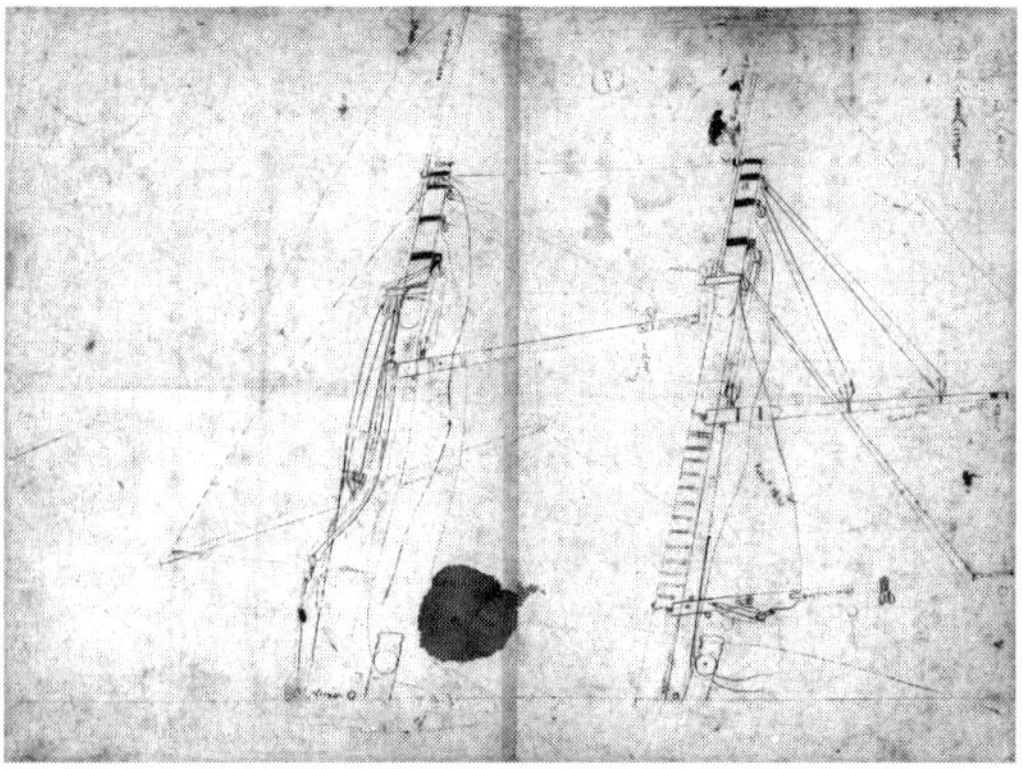

藤蔵の帆柱図（**図**⑤）

戸田造船郷土資料博物館には、船大工藤蔵による図面がさらに三枚残されており、そのうち二枚を**図**⑥と**図**⑦として示す。

図⑥は甲板張りをした平面図で、二本マストにハッチが四ヶ所ある点などはヘダ号と同じである。しかし長さの割には横幅が広く、かなりずんぐりした船形の小型帆船の図面のようである。君沢形を小型化したスクーナーである韮山形（長さ六間（一〇・九メートル）、内法幅八尺五寸（二・六メートル）、深四尺八寸（一・五メートル）[48]）が江川代官のもとで建造されたことは前に述べたが、それとの関係は今後の検討課題である。**図⑦**の中央に描かれているのは、錨の巻き揚げ機の概略図

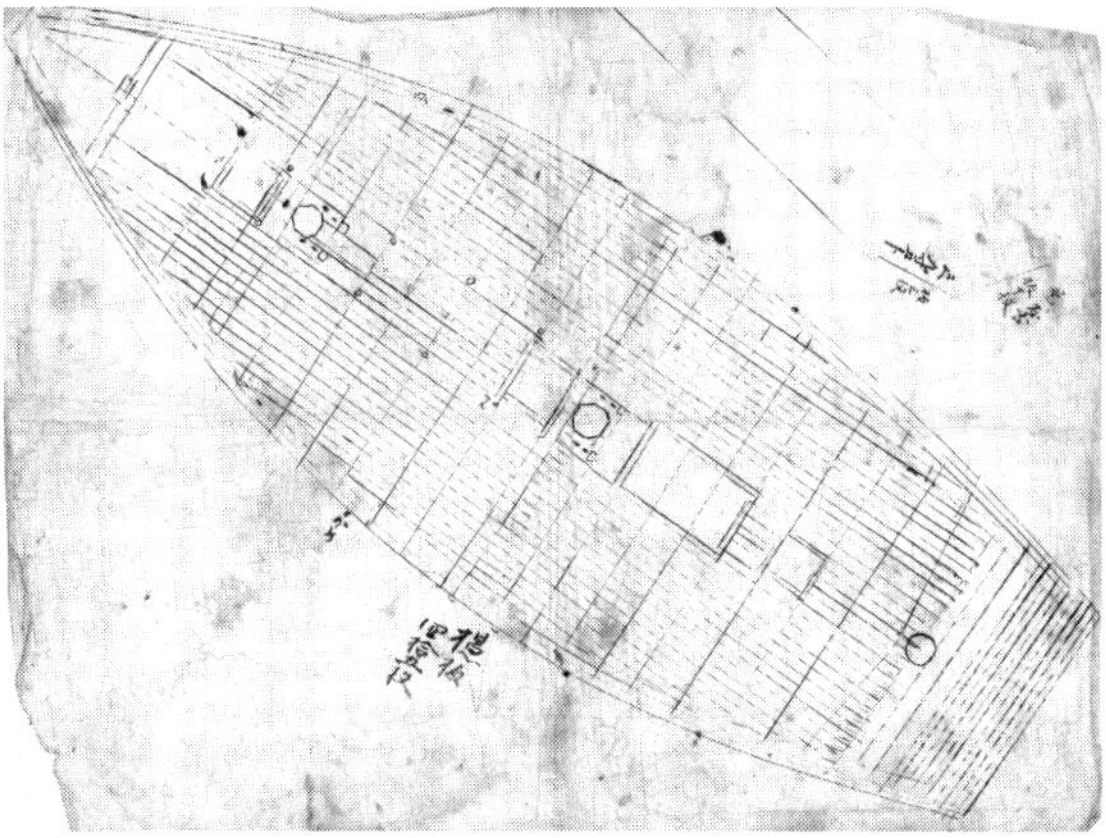

藤蔵の平面図（甲板）（**図⑥**）

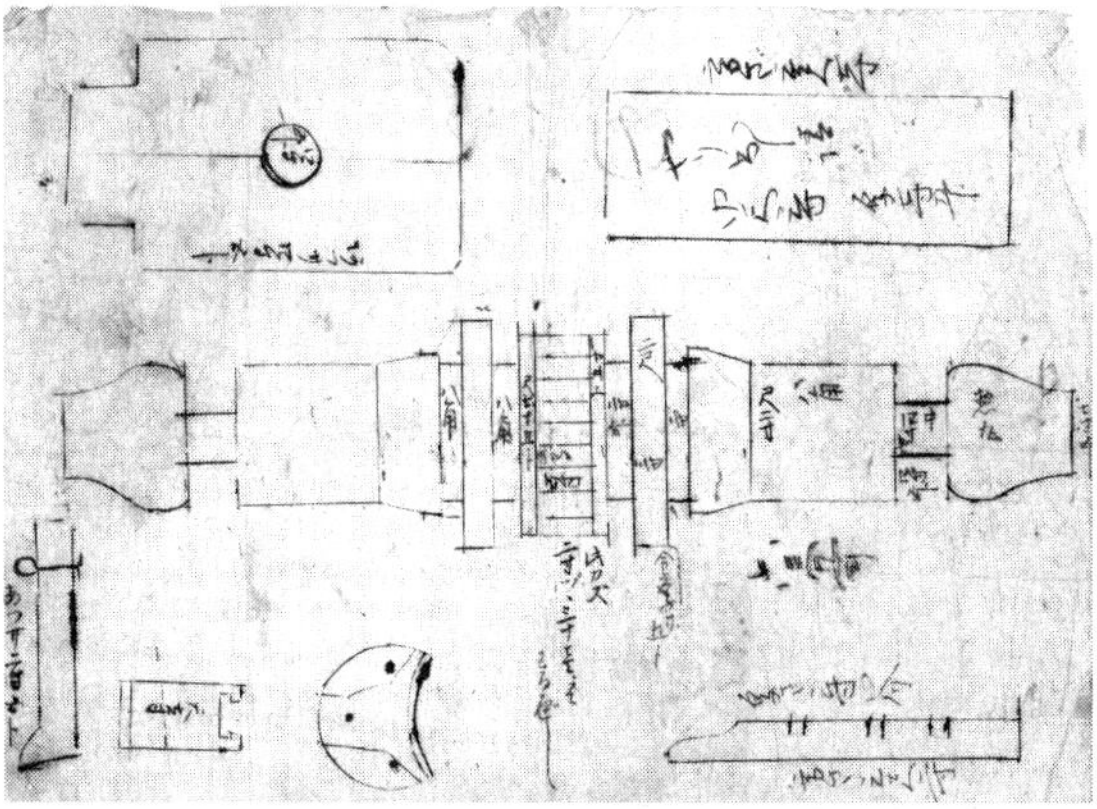

錨の巻き揚げ装置・その他（**図⑦**）

のようである。今のところ、それ以外のパーツが何に対応するのかよくわからない。

残りの一枚は、図②のように甲板張りをしていない船体の梁構造を描いた平面図である。しかし残念ながら、船首と船尾の一部が欠落しており、ここには掲載しない。

石原藤蔵は「造船手引書」といえる書付を二冊残しており、ともに戸田造船郷土資料博物館に保管されている。ひとつは「安政二年卯正月　スク子ル船　大工藤蔵」と記した表紙が付いており、もうひとつは、白表紙の左隅に「石原藤蔵」との達筆な赤字の署名のみがある。一見する限り、両者の本文の筆跡は同じである。以後、前者を「書付（一）」、後者を「書付（二）」と呼ぶことにする。なお、図②から図⑦までの図面には、寸法などの書き込みが多数あり、その筆跡は書付（一）と同じである。従って、これらの図面が藤蔵の手になることは間違いない。

書付（一）が書かれた安政二年正月は西暦一八五五年二月一七日から三月一七日に当たり、まだヘダ号は完成していなかった（進水式は四月二六日）。従ってこの文書は、船大工藤蔵がヘダ号の造船作業に従事しながら、暇を見つけて筆録した造船手引書の可能性が高い。この推論は、コロコリツェフ論文の中の「職人たちは手帳を持ち、彼等がたずさわったすべてのことを書き込んでいた」[42]との記述と一致する。

書付（二）は書付（一）に比べて長い。幕府の命令により、ヘダ号に次いで同形のスクーナー船

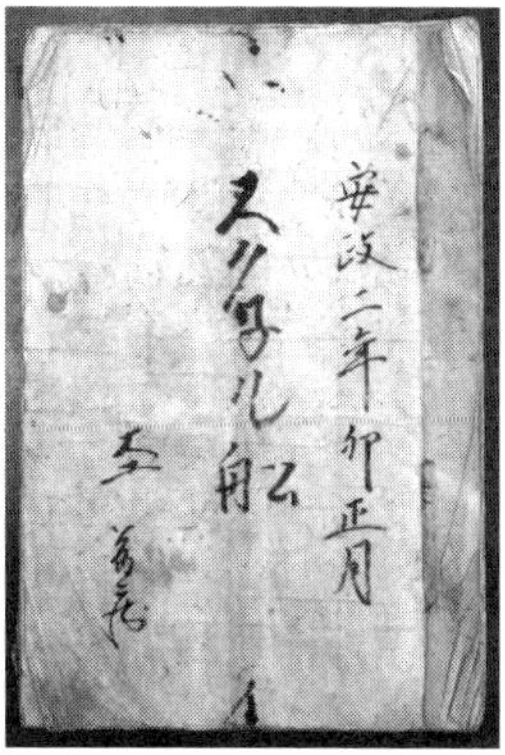

石原藤蔵の書付（一）の表紙

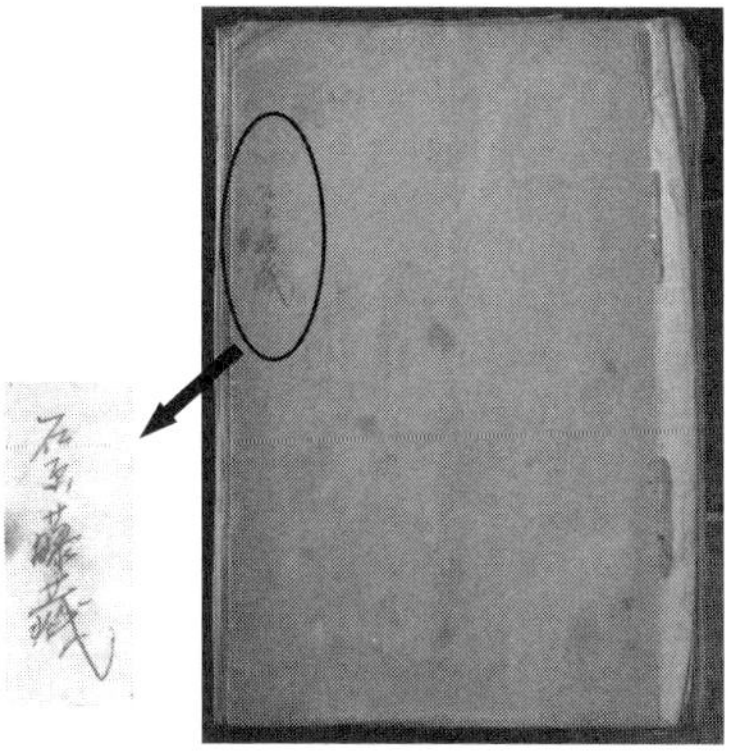

石原藤蔵の書付（二）の表紙と署名の拡大表示

を戸田村で建造しなければならなくなったとき、造船世話掛の頭取の任にあった藤蔵が、速記録的であった書付（一）をもとに、より詳しく書き直したのが書付（二）ではないだろうか。であれば、先に示した設計図と書付（二）は、同じ時期に併行して仕上げられたとの推測が成り立つ。「石原藤蔵」の署名については、彼は一八五八年（安政五年）に亡くなっているので、七人の船大工に苗字を名乗ることが許された一八六五年（慶応元年）以降にこの書付（二）を所持していた（おそらく石原家の）誰かによって記入されたものだと思われる（一〇二頁の付記参照）。

本稿の趣旨を踏まえ、技術的な注意書きは可能な限り割愛し、以下に書付（一）の船体構造に関する部分を記す。舟偏に面は舳に置換、判読不能文字は□、改行は」で示す。さらに、原文に絵図が描き込まれているところは（挿図）とし、まとめて最後に示すとともに、参考のためそれぞれの推定パーツ名を記しておく。

一、地行壱尺ニ付六分ノ下リ以突立行十三間二尺」横巾六間坪数七拾壱坪也此内へ松杉ノ」尺角拾五本長さ弐丈五尺物横ニ置間ニハ」小石砂ヲよく搗かため上にハ杉三寸五分の板」打付中通り巾尺六寸ノ板厚さ七寸物打付」其上ニ駒木十三枚付く置□ニ座板より」六尺さつて長さ弐丈四尺ノ丸田ヲ立めぐり」三尺位ノ物方々に六本づつ都合」十二本地より六尺上ニ足掛ニ打釘ハ鉄の」長尺八寸両頭座付先ハせん釘ニとめ数十二本」足掛下長さ二尺のねこ付釘九頭かいおり弐本打一敷拾間五寸ゟ《より》」駒十三枚置駒上長さ弐尺高さ三尺厚八寸下長四尺高さ三尺二寸」右者駒三寸弐分ノ切組ニて立□上ニ敷置処惣長さ」六丈弐尺五寸敷厚さ八寸四分高さ壱尺四寸二分」次ニ中ニて腕つぎ釘赤ノ丸釘又ハ鉄ニて敷ノ下へ」二枚ノ付かみテ掛一見よし弐枚合ニて組方」深さ壱寸ノ振どめ見よし長さ壱丈四尺三寸」見よし六寸ノはい曲内外共五寸也外見よし下尺六寸上尺一」内見よし下尺上七寸内見よしつなぎ登り」四尺九寸敷へ五尺三寸内ぐれ六寸厚さ敷ニ相せ上ば八寸五分」戸立五寸ノはい長さ壱丈四尺二寸上厚さ巾壱尺下巾厚さ八寸五分」巾上下壱尺四寸相巾也敷へ弐枚又ハ三枚のほづ入」合方ハ見よしニ同断也敷へ三寸組下是も見よし也」同断戸立つなき敷ハ長さ八尺八寸戸立へ」五尺登り厚さ敷戸立ニうつろいニ細い」一組肋（マツラ）弐拾九組艫方肋九組舳方肋六組」巾二枚合ニて八寸四分仕揚。高さ下八寸上三寸也」敷一合次ニ三つ次下五尺のつなぎ有合釘」鉄ノ長さ七寸□さ差渡し七分位肋壱組ニ付」

拾四本づつ入。　肋惣長さ壱丈七尺又ハ壱丈四尺」肋敷へ組合る所三寸此内かけ壱寸五分入る也」両方より伴ニテ尚。　かた肋三十丁右厚さ同断也」

一、肋壱尺五寸三分之艫ヨリ舳迄同数の根付ハ」　組肋ノ分尺五寸三分方肋ニテ尺二寸位見合」方肋根ノ組方二段いたし深さ壱寸四分位」　天びんの長さ壱丈四尺同高さ敷より壱丈」　天びん上羽間肋六寸六分厚さ下ニて七寸五分」　上ニて五寸又ハ四寸五分ニ仕揚長さ九尺ゟ六七尺也」　組方ハ敷へやはずニ組合松屋にを付是より」　苧テ眞木肌の如くに折込内は又松やにを」　ながし一内敷長さ三丈七尺巾八寸四分高さ九寸」　肋へ組合艫舳へ三次ニてつぎて三尺の腕ニ次」

一、がわ板弐拾九枚長さ三丈二尺弐丈八尺」　弐丈二尺弐丈五尺巾七寸二分より三寸四分迄」　厚さ弐寸四分より壱寸六分迄板次て二次」　三次又ハ四次小四次にてかわ板の肌へ松やにを付」　釘赤の打込又ハ長さ打貫七寸五分より五寸迄」

一、艫根田拾九本内其外ニ槻壱本有」　根田か角面尺ニ八寸六本有其外六七角位」　根田長さとも壱丈弐尺八寸間取弐尺八寸五分其より」　つぎの間壱丈四尺三寸立四尺六寸四分壱丈六尺八寸」　立三尺四寸壱丈七尺立弐尺八寸六分」　壱丈六尺八寸立壱丈四寸壱丈七尺立二尺八寸」　壱丈七尺六寸六分立四尺四寸壱丈八尺四寸」　立三尺壱丈八尺七寸立弐尺九寸壱丈九尺壱寸四分」　立壱尺四分壱丈九尺弐寸四分立尺三寸八分」　壱丈九尺四寸八分立弐尺九寸八分壱丈九尺二寸立三尺」　壱丈九尺弐寸四分立三尺六分壱丈八尺四寸八分」　立三尺壱丈七尺四寸六分立弐丈八寸」　壱丈六尺壱寸八分立三尺壱丈四尺三寸」　立三尺五分壱丈弐尺三寸立四尺五寸五分」　九尺六寸一根田おさい高さ六寸巾八寸」

一、艫ニ六本の羽根出し根田有」長さ壱丈六本の内弐枚合二枚有」厚合せて七寸並四寸五分六尺目角」下そり四寸五分内外へ上ニて三寸」上ハ述四寸天びん付六寸曲ハ引通しより」壱尺三寸曲弐枚合丸釘五本づつ打」根にハつかみ金を掛下へハ天秤ノ巾たけ」上へ壱尺壱寸程目釘都合四本づつ」天秤より肋へ三尺程掛ニ鉄のつかみ金ヲ掛」艫上ノ間戸艫立行四尺三寸横巾弐尺三寸五分」次の大間戸内乃り九尺横四尺次ノ間戸」立行四尺弐寸横巾四尺間戸ふち高さ」根田ゟ九寸五分厚さ三寸八分是ハ楠ノ木」立せび高さ弐尺七寸五分角六寸弐分四方」□□尺五寸上りもち壱寸厚ともころび」檣同断角の内八分まハり有是ハ艫立」舳立長さ壱尺三寸五分たつ合□尺九寸六分」外ハ艫立ニ同断也通い口面揖亀助」中墨として二間取梶ハ亀助より壱間」

一、野づれ高さ六寸のづれ上羽より」浪よけ高さ艫弐尺四寸五分中二尺三寸」舳弐尺ひらきなり二弐尺八寸美好」なり三尺二寸八分位あまをさい厚」二寸五分巾六寸八分艫雨をさい八尺八寸八分」ハきまがり壱寸四分上曲リ七分巾九寸五分」三ツノ南万中墨迄八合位合違つぼ下」尺壱寸のね子打付此処へやはらと志て」かわをはり釘ハ赤のばら付釘」

一、舳ニ檣長さ六丈九尺三寸艫檣同断」

一、とも下桁長さ四丈四尺五寸」大きさ中ニテ七寸五分元より五尺目」七寸末口五寸九分（挿図1）大きさ二寸二分」末より壱丈五尺目二つもちの南万付」此処へ赤金ヲ張末より壱丈八尺四寸ノ」処へ長さ（挿図2）両方へ打付釘□□なぐら打貫」もちより弐尺三寸下りて下羽ニ駒有（挿図3）」元口より九尺四寸目ニ（挿図4）有元口より四尺一寸目」かん有是ハ下は取梶ノ方尺七寸五分めかん」面梶ノ方九寸目上羽五寸めひも廻しをし」三寸め（挿図5）同艫上桁弐丈四尺元六寸」末口より弐尺下りて四分の段有末口二寸四分」段の小口迄八寸置ニ持車有下は五寸かん有」

一、舳桁長さ弐丈八寸元六寸末三寸中六分のはり」末小口弐寸末小口より尺四寸下ニもち車有」（挿図6）尺四寸目持車仲墨より壱寸」面梶へよりて厚さ壱寸の持車有」九寸五分目かん有一圓帆桁長さ」三丈壱尺三寸中五寸五分差渡し」末口弐寸八分尺五寸下りて三分位有」口金小口

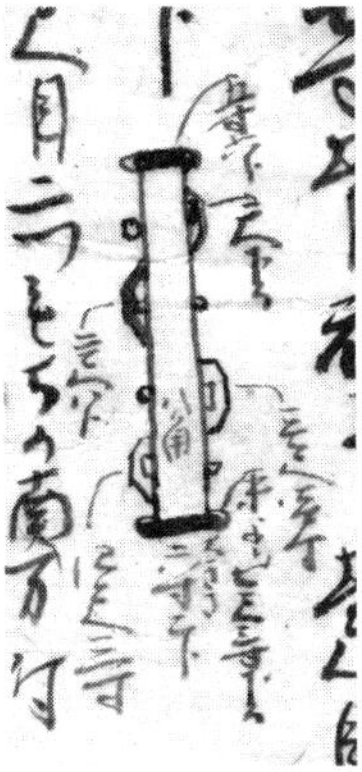

1 ブーム（下帆桁）

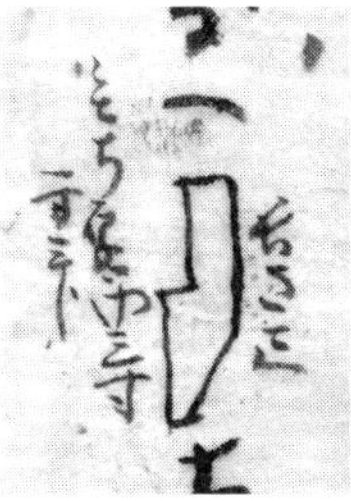

2 ブーム（下帆桁）・ジョーの片方

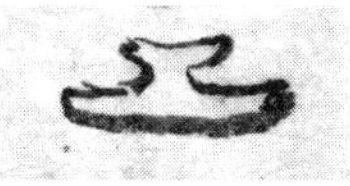

3 クリート（索止め）

4 クリート（索止め）

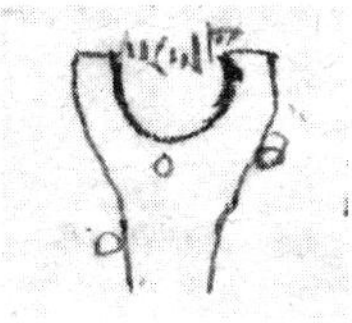

5 パーレル・ビーズ付きガフ（上帆桁）・ジョー

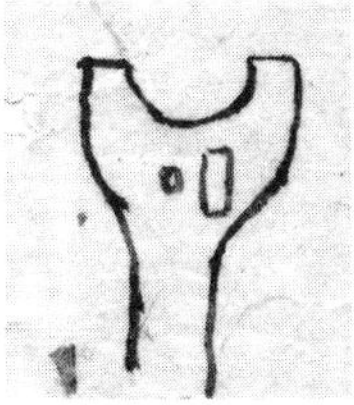

6 ガフ（上帆桁）・ジョー

書付（一）の挿図とその推定パーツ名

へ掛而又ハ段へも掛而」やり出し長さ三丈五寸大きさ」壱尺三寸五分棚内同角面末口九寸」もち面梶厚弐寸五分取梶厚弐寸」巾八寸持穴へ赤金ヲ張」

さらに以下において、書付（二）の船体構造に関する部分を記す。

一、知行壱尺ニ付六分ノ下り以突」拾三間弐尺ノ内へ立行松ノ尺角長サ二丈置」
一、杉ノ三寸五分ノ板□中ニ巾壱尺六」板はり間横弐丈三尺立□」六尺□へより丸駄立長サ弐丈四」下ゟ六尺上ニ同断丸木よこ□」両方ニ座兼をはめ勢」下ニ長サ弐尺止をかけ丸頭ノかいを二本り」
一、敷居所拾弐間五寸ゟ内駒十三枚上は弐尺高サ三尺下は四尺厚サ」右之駒三寸弐分ノ切組ニ可立上敷置」
一、敷惣長六丈弐尺五寸厚サ八寸四分高サ壱尺四寸壱分」次ニ中ニて平腕に次合赤丸釘□□両頭ニて両座□」
一、見よし弐枚合ニて組方右左ニ組合敷下に弐枚ほずはめ」
一、艫戸立木者槻ニて弐枚合右左ニ組合敷ニ弐枚ノほず入ル」戸立木長サ壱丈四尺弐寸巾上で尺八寸五分下で弐尺四寸三分」敷弐枚之ほす入れ合□者油紙をひし組立者」
一、三方へ受をはり置見よしつなき敷ニ合五尺九寸見よし登り合せ四尺九寸」厚サ八寸弐分合厚サ組方右左ニ組合すそノ高サ壱尺」

一、艫外立つ□き敷合長サ八尺八寸敷右左ニ組」戸木立へ四尺四寸弐分合相厚サニ而八寸」

一、中かはら廿九通り四寸弐分厚を合八寸四分厚ト仕揚」中下ニて七寸五分上者三寸ト仕場合口ニ油紙を引合」次て三ツ次下ニ五尺之つなぎ合釘鉄ニ而長七寸ノ丸釘」壱組ニ十四本□□あはら惣長サ壱丈七尺となり」右之あはら組合ノ敷ニ三寸弐分組さげ」うけに者両方へ杉丸木つづをうけ壱丁ニ付二本つつ」

一、艫戸立つなぎ長さ八尺八寸敷へ右左ニ組合」戸立□四尺四寸弐分つなぎ右之厚さ八寸」

一、巾肋弐十九組四寸弐分ノ厚さ二枚合ニて」八寸四分ニ仕揚巾下ニて七寸五分上ニて三寸厚さ」含油紙テ敷合せ次て三ツ次下ニ五尺ノつなき有」合釘鉄ノ長さ七寸ノ丸釘壱組ニ付右之丸釘」十四本づつ桁肋惣長さ壱丈七尺又ハ壱丈四尺」肋敷へ組合ノ所三寸組下ケ肋壱組ニ右左ヨリ□テ」當方肋三十丁厚さ四寸弐分ヲ同段ニ組合」釘数五本打方五目ニ打合せ」

一、舳ニ者見好つなきを合敷ニ五尺九寸分合せ高サすそを尺と致し」見好登リ四尺九寸合組方無早合帆」油紙を引厚サ八寸弐分合厚サ致し」

一、艫戸立木つなき敷ニ八尺八寸ト合すその高サ尺ニ致し」戸立木へ四尺四寸弐分合組方無早ニ組」致し肌ニ油紙引合せ」

一、櫓根田拾九本内舳壱本ハ槻長さ九尺五寸巾八寸厚さ五寸六分」拾九本分松ニて巾六寸四分高さ四寸八分」根田ノ長サとも壱丈弐尺八寸間取弐尺八寸五分」ここより次ニて長サ壱丈四尺

三寸間取四尺六寸四分」壱丈六尺八寸間取三尺四寸壱丈七尺間二尺八寸分」壱丈七尺六寸六分間四尺四寸壱丈九尺三寸□□□寸五分」壱丈六尺八寸間三尺四寸壱丈七尺間□□八寸六分」壱丈七尺六寸六分間四尺四寸壱丈八尺四寸間三尺」壱丈八尺七寸間弐尺九寸壱丈九尺壱寸四分間三尺三分」壱丈九尺弐寸四分間壱尺三寸八分壱丈九尺四寸八分間四尺八寸」壱丈九尺七寸間三尺壱丈九尺六寸八分間弐尺九寸七分」壱丈九尺六寸間弐尺九寸八分壱丈九尺六寸八分間三尺六分」壱丈八尺四寸八分間三尺壱丈七尺四寸六分間弐尺八寸」壱丈六尺壱寸八分間三尺壱丈四尺三寸間三尺五分」壱丈弐尺三寸間四尺五寸五分九尺六寸是者槻ニて角八寸ニ五寸五分」次ニ□根をさへ屋ぐ持ニね壱寸弐分組さげ」

一、やり出し持せ松ニて長サ八尺五寸巾尺四寸二分厚サ七寸八分」是へやり出しを持やり出しノ長サ二丈五尺三寸」巾尺四寸高尺三寸元ニ六寸四方ほすニ合」

一、外の□れ高サ六寸厚さ六寸二分長さ弐丈四尺□」四次ニて次合せつぎてハ腕次ニ致し」帆柱ヲ□槻合巾尺厚サ五寸八分長サ三□」是柱廻り四枚ツツ組合舳帆柱場所同断」舳に者やりだし持立此木松ニて巾尺四寸弐分」厚サ七寸八分惣サ八尺五寸見よしニ三寸ニ五寸ノ」ほずを入れ槻ねたへ壱寸六分ノ組合へりたし」長サ弐丈五尺三寸此内九尺三寸者高尺三寸」巾尺三寸八分末口九寸八分うら壱丈六尺凡」元ニ六寸ニ六寸六分ノほす入れもたせに者」見よしにと巻兼掛上に者廻りなり」之つなき楠ニて折是ゟ上ホヘリを腕ニ」次合ホヘリ厚サ弐寸八分巾七寸弐分」

一、やぐ板艫廿四通り中田五通り」舳者段々にをち巾四寸厚さ弐寸弐分仕揚」長サ弐丈四尺物三次にて二口合次釘」赤丸頭さき四方ノ打板六百四十折込」やぐら上に間戸を置艫間戸内のり四尺ニ弐尺三寸五分次間戸巾四尺立行九尺次ノ」間戸巾四尺立行四尺弐寸舳間戸巾弐尺四寸七分」立行三尺間戸高サ九寸五分厚サ三寸八分」木楠ニ致し艫大間戸をきやまんをはめ」八ニ尺位巾弐拾四枚はめ外間戸者」掛ふたに致し」

一、櫓根田押長サ二丈四尺高サ六寸巾八寸」右根田押小口継ニて四丈ケと致し」まつらニ者外トニ壱寸五組合」

一、外トのすれ長サニ丈四尺高サ六寸巾五寸二分」継て右ト同断ニ致しまつらへ箱二合」組合釘者鉄之丸釘ニて両頭ニて両座兼」釘数両方共ニ五拾本」

一、艫ニやり出し六本組合出壱尺高サ五寸巾四寸二分」是を根田ト致し内外トニ波板を打付下二根木を合是を櫓根田と致し」

一、櫓板艫ニ十四通り中四拾五通り」舳ニ段々ト落し板巾四寸ニ厚サ二寸二分」長サ二丈四尺物三継四継ト小口ニ継」

一、敷居所ニ拾間五寸から内へ駒数十三枚置」間取拾間五寸之内を當分ニ割数敷ニ三寸弐分を切組て居へ駒ノ高サ艫て三尺三寸弐分巾上ば弐尺下ば四尺舳て弐尺九寸七分厚八寸分仕揚」

一、敷ノ惣長サ六丈弐尺五寸高サ壱尺四寸弐分厚サ八寸四分」次て中ニて平腕ニて肌ニ油紙を引て次合せ」釘者赤ノ丸釘両頭ニて當座兼釘長サ八寸廻り二寸四分をもて」帆柱長サ六丈八尺五寸下差し渡し尺三分」壱丈五尺上リ尺三寸末口六寸五分上ニ巻兼を」四つはめ大下ニ巻兼壱つはめ下ノほすを」六寸ニ六寸四分ノほすを入れ」とも帆柱長七丈弐寸下差し渡し尺三分」壱丈上りて差し渡し尺弐寸末口六寸五分」巻金同断」

一、とも帆桁長サ弐丈四尺五寸元差し渡し六寸」末口弐寸八分」

一、下ノ帆足桁惣長四丈四尺五寸末口五寸九分」中で七寸五分元六寸」

一、をもて帆桁長サ弐丈七寸七分元差し渡し」六寸末口弐寸八分」

一、舳内ばり壱丈八尺厚さ八分」

一、帆柱長サ七丈二寸元口壱尺三分中壱尺弐寸末口六寸五分」

一、帆柱長サ六丈八尺五寸元口尺三分中尺三寸末口六寸五分」

一、帆桁長さ弐丈四尺五寸元ヨリ五尺目六寸末口弐寸八分」

一、帆桁長さ弐丈七寸元口より五尺目六寸末口弐寸八分」

一、トモ下桁長サ四丈四尺五寸元七寸中七寸五分末五寸八分」

一、梶長サ壱丈四尺四寸五分上差し渡し尺五分巾弐尺四寸」

一、上で舩之惣長サ八丈壱尺弐寸」舳高サ壱丈三尺八寸」中高サ壱丈三尺三寸」艫高サ壱丈五尺五寸」

一、梶之ひじ兼上目方九貫四百目位中同拾壱貫三百目下同九貫四百」

一、つぼ兼上目方六貫弐百目中同八貫百廿目下同拾壱貫三百廿目」

石原藤蔵の「造船手引書」の船体構造に関する部分を抜き書きしたけれど、読みにくく解釈の定まらないところがないわけではない。とはいえ、書付（二）には重複した記述はあるものの、書付（一）に比べて丁寧で詳しく、個別の項目が箇条書きされていてわかりやすい。鉄製と銅製の金具の使い分けや、水漏れ防止のための油紙の利用以外にも、プチャーチンら士官用船尾船室の間戸（窓）にガラスを嵌め込んだといった興味ある記述も散見される。

書付（一）と（二）に記述されている船体の総長（全長）と高さ、竜骨（敷）の長さ、さらには梁（根太、根田）の長さとそれらの間隔など基本構造に関する数値は、図②の平面図と図③の側面図に書き込まれているものとよく一致しており、信頼性の高いものであると考えられる。従って、これらの数値を手掛かりにして、次章でヘダ号の設計図の復元を試みたい。

第四節　ヘダ号進水式の絵図をめぐって

第五章を終えるにあたって、東洋文庫所蔵「プーチャチン以下露国船来朝戸田浦にて軍艦建造図巻」のなかの「ヘダ号進水絵図」について若干コメントしておく。先にこの絵図を第一級の資料と書いたけれど、わたしの知る限り、これとほとんど同じ構図ながら明らかに異なる手になるものが他に五点もある。ヘダ号の進水式の様子がよほど珍しく、当時の人々の興味を惹いたのだろう。東洋文庫所蔵図を①として、②「伊豆国戸田浦露西亜船進水之絵図」（「大日本古文書 幕末外国関係文書之十」の口絵、東京大学史料編纂所所蔵）、③「一八五五年三月待望のディアナ号の代艦」（「ヘダ号の建造」掲載、戸田造船郷土資料博物館所蔵）、④「ヘダ号進水式図」（「静岡県史　別編三　図説静岡県史」掲載）、⑤「露西亜船来航図のうち紙本彩色」（早稲田大学図書館所蔵）、⑥「露西亜船建造図巻」（守屋寿コレクション、広島県立歴史博物館寄託）。

参考のため、東洋文庫所蔵「図巻」の巻頭識語を以下に記す。

「安政元寅年十一月四日伊豆下田ニ停泊中ノ露西亜軍艦『デアナ』ハ同所ニ於テ大海嘯《かいしょう》起リ沈没シタリ仍《よっ》テ其代船ヲ同国戸田浦牛河原ニ於テ造リ『ヒコナ』ト命名シ安政二卯年三月七日日本役人立会新造船卸ノ図ナリ是本邦ニ於テ外国船ヲ造ルノ始メナランカ

本図筆者ハ其当時駿府官舎ニ朝暾斎《ちょうとんさい》ト云フ人アリ同人ノ目撃実写セシモノ也」

これら六枚の絵図のうち特に①と④と⑥は、船尾から進水するヘダ号に打ち寄せる波の飛沫や造船所背後の崖際の木々の様子などが微妙に異なっているものの、全体的には極めてよく似ており、三枚ともに図中に描かれた六十数名の人物のほぼ全員に名前（プウチヤジンやポッセット、兵作、亀三郎など）が付されている。これほど大勢の人物名を新たに図中に書き加えることは、よほど進水式現場の事情に明るくない限りむつかしく、従ってこれら三枚のうちどれかがオリジナルで、他の二枚はその忠実な模写との判断が許されるだろう。そして、そのような人物名の記入がない残りの三枚（②、③、⑤）は、原画かなにか他の絵図を参考にして描かれたのではないだろうか。

絵図①を考察した文献51と絵図④を取り上げた文献56はともに、作者の筆名を巻頭識語の最後の文章にあるように「朝暾斎」としている点は同じである。しかし、前者はその男を駿府町奉行「貴志孫太夫」と同定し、後者は駿府西教寺の住職「別《べっ》符《ぷ》卍《まん》城《じょう》」と考えている。

今のわたしにはどちらの説が正しいかわからない。文献56は戸田の宝徳寺所蔵の「露人四十七人風俗画」との類似性に着目していて[57][58]、その論考には十分な説得力がある。一方、文献51は絵図①の筆跡鑑定までしているのだから、その主張には自信があるのだろう。ただ次の点が気にかかる。絵図①の巻頭識語の中で建造地は「牛河原」となっている。これは通説の「牛ヶ洞」とは違っており、そのような単純な間違いを犯した絵の作者は戸田の地理に疎いよそ者である、と文献51は断じている。しかし先にも記したように、建造地は「牛河原（牛ヶ原）」で正しく、むしろ絵図①の作者（もしくは「下絵」の作者）は、戸田の地理的事情に詳しい人物だったと考えて大過ないだろう。ここで指摘した文献51の誤判断が、作者を駿府町奉行とした結論に影響するのかしないのか？

第六章　設計図の復元

書付（二）によれば、ヘダ号の総長（全長）は船体上で八丈壱尺弐寸（二四・六メートル）あり、梁の最大長（船幅）は壱丈九尺七寸（六・〇メートル）である。さらに梁と梁の間隔が四尺四寸（一・三メートル）とか壱尺三寸八分（四二センチ）とか記してあり、これらの数値をもとにすれば、梁構造を基本とした平面図を描くことができる。その結果を図⑧に示す。ただし、船首と船尾の梁構造や二本の帆柱（マスト）と梶（舵）の穴の位置、およびハッチの位置と大きさなどは書付（二）だけではわからない。これらは図②を参考にした。

ここで採用した船体の総長二四・六メートルと船幅六・〇メートルは、上川伝一郎の上申書の数値（約二二メートルと約六メートル）および田原藩の君沢形順応丸の数値（二五・二メートルと六・一メートル）とほぼ同じである。一方、文献43の君沢形の数値（二四・五七メートルと七・〇二メートル）と比べると、総長は一致しているが、船幅は幾分狭い。

書付（二）によれば、ヘダ号の舳《みよし》と中央部、そして艫《とも》の高さはそれぞれ、壱丈三尺八寸（四・二メートル）、壱丈三尺三寸（四・〇メートル）、壱丈五尺五寸（四・七メートル）である。竜骨（キール）

の全長は六丈弐尺五寸（一八・九メートル）、高さは壱尺四寸弐分（四三センチ）、厚さは八寸四分（二五センチ）。肋骨（フレーム）に関しては、書付（一）では中央部が二九組、艫の方が九組、舳の方が六組となっており、コロコリツェフ論文の主肋骨三五本、副肋骨一一本と若干異なる。しかし、両者の分類関係がわからないこともあり、ここではコロコリツェフの主肋骨三五本を採用する。そこで長さ一八・九メートルの竜骨に三五本の主肋骨を等間隔に配すると、その中心間の距離は約五五センチとなり、文献43の肋骨の心距中央部〇・五三メートルとほぼ等しく、ロシア側と日本側の数値上の一致は全体として満足したものになる。竜骨を固定する縦の梁（内竜骨：キールソン）、船首先端の舳、船尾の艫、そして梶（舵）の形状は**図**③を参照した。甲板と竜骨下の距離は文献43の深さ三メートルを採用。得られた側面図を**図**⑨として示す。

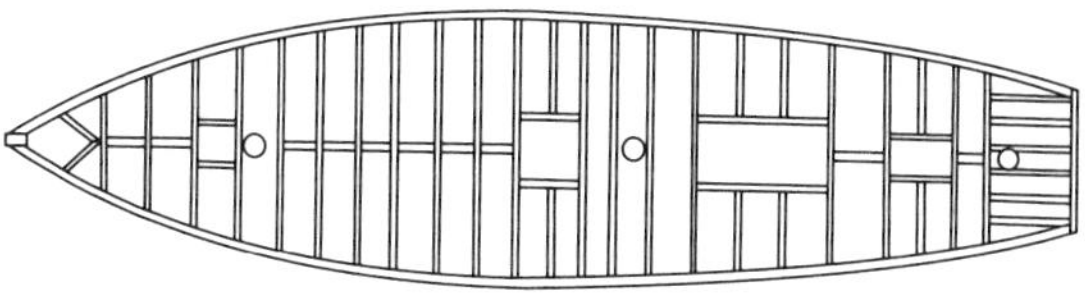

平面図（梁構造）（**図**⑧）

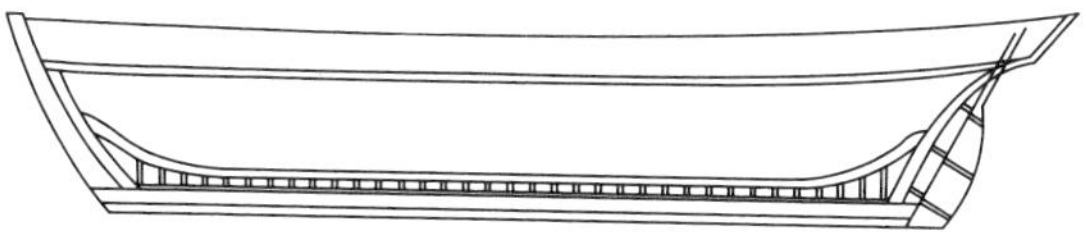

側面図（竜骨構造）（**図**⑨）

　複雑な曲面をもつ船の外形を表すための図面には、船首から船尾に向かって一定の間隔で船体を輪切りにした

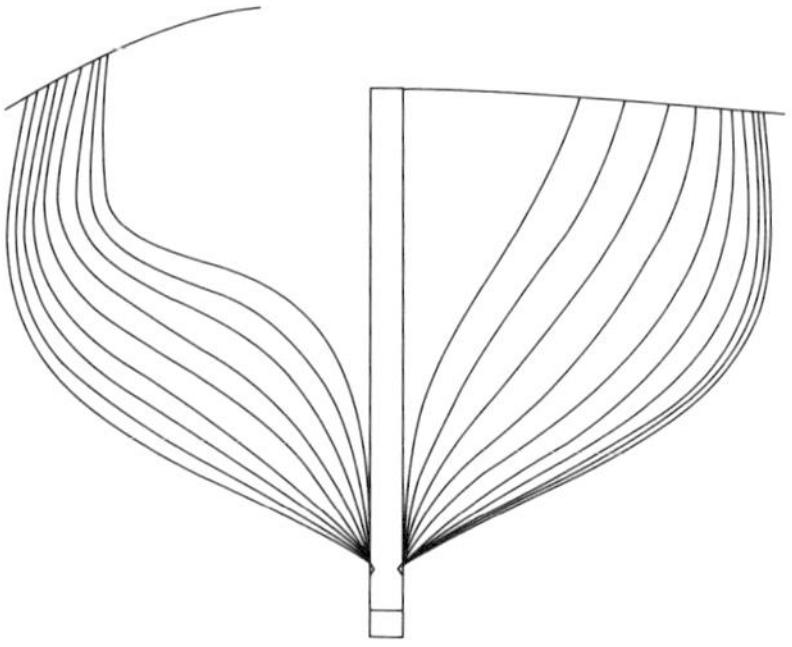

正面線図（図⑩）

正面線図以外にも、船の左右方向と上下方向に輪切りにした側面線図と半幅線図があるが、これらの図面を作図するには特別な技量を必要とする。そのような正面線図（断面図）の描き方を短期間のうちにマスターした船大工藤蔵の才能には驚きを禁じ得ない。

船体側面の曲線形状を示す数値はどの文献にも記録されていない。そのため、正面線図は暫定的に図④を踏襲することにした。ただし、船体中央部の幅は六・〇メートル、高さは四・〇メートル、舳の高さと艫の高さはそれぞれ四・二メートルと四・七メートルになるように多少の修正をほどこした。得られた結果を図⑩に示す。この図の右側は船の前半分、左側は後半分を表している。

今回の復元設計図（図⑧と図⑨）の船体形状は、当然のことながら、太田家の図面（図①）および藤蔵の図面（図②と図③）のそれとよく似ている。しかし詳しく見ていくと、それなりの違いがあることがわかる。

図⑧の平面図の中央部から前半部にかけての形状は、藤蔵の図面とほぼ同じだが、太田家のそれに比べて明らかに細目である。一方、後半部の形状は、藤蔵のように艫に向かって単調に狭くなっていくのではなく、太田家の図面のように膨らみがある。側面図に関しては、図⑨では艫の方が舳より高くなっているけれど、太田家の図面では逆に舳の方が明らかに高い。藤蔵の側面図との一致は全体的にはよいものの、竜骨の高さや肋骨の数に違いがある。

復元設計図の総長二四・六メートルと船幅六・〇メートルを、藤蔵の設計図面の実測値と比べると面白いことがわかる。彼の正面線図（図④）の横幅を実測すると、一番広いところで六一センチある。従って左隅に「十分一」と記されているとおり、この図は確かに実物を一〇分の一に縮小したものに違いない。また側面図（図③）の全長は二四七センチ、船体中央部の高さは四〇センチある。この図には特に縮尺についての記入はないが、こちらも一〇分の一の縮小図と考えて間違いないだろう。一方、平面図（図②）に関しては、長さが一一五センチ、幅が三〇センチあるので、二〇分の一に縮小して描かれた図面のようである。この平面図だけ一〇分の一の縮尺を採用しなかった理由はわからないが、それを描くのに必要な六〇センチ以上の横幅をもつ長い大判用紙の入手がむつかしかったのかもしれない。いずれにしろ、先に正面線図の「十分一」の書き込みをもとに推測したように、残り二枚の側面図と平面図も、ヘダ号完成から君沢形船建造に着手する一ヶ月ほどの間に作図されたと考えて問題はなさそうである。

石原藤蔵の描いた平面図（図②）と側面図（図③）が、小型模型船（雛形）の参考に供された縮小版の設計図であるとするならば、それらと今回復元した図⑧と図⑨との間に、前述したような船体形状の不一致があることは説明できるかもしれない。復元設計図を作成する際に参考にした書付の数値は、ヘダ号建造中に藤蔵がメモしたものであり、それらはヘダ号そのものの記録と考えてよいだろう。一方、ヘダ号建造の経験を踏襲しているとはいえ、小型模型船は後継船（君沢形）の雛形であることを意識して造られたため、図②と図③はヘダ号全体の構造を把握するための、一〇分の一（もしくは二〇分の一）に縮小して作図された参考的な「概略図」だったのではないか。そうであるならば、両者の船体形状がぴったりとは一致しなかったとしても、それほど不思議だとは思われない。

以下において、もう少し細部の構造を見ていくことにする。

書付（二）によれば、メインマスト（主檣）の長さは七丈二寸（二一・二メートル）で、太さは元口で壱尺三分（三一センチ）、末口で六寸五分（二〇センチ）であり、フォアマスト（前檣）の長さは六丈八尺五寸（二〇・八メートル）で、太さはメインマストと同じである。これら二本のマストは垂直にたいし約一〇度後方に傾いていることが図⑤から読み取れる。バウスプリット（やり出し）の長さは三丈五寸（九・二メートル）で、太さは壱尺三寸五分（四一センチ）である。船内構造については、コロコリツェフ論文に、縦方向に二つの隔壁により三つの部屋に分割され、前の隔壁はフォアマストの三フィート（九一センチ）後方、後の隔壁もメインマストから三フィート後方にあったと記されている。これらの構造物を加えた側面図を図⑪に、平面図を図⑫に示す。

艤装を終えたヘダ号の雄姿を絵にしておくのもあながち無駄ではないだろう。それを図⑬として

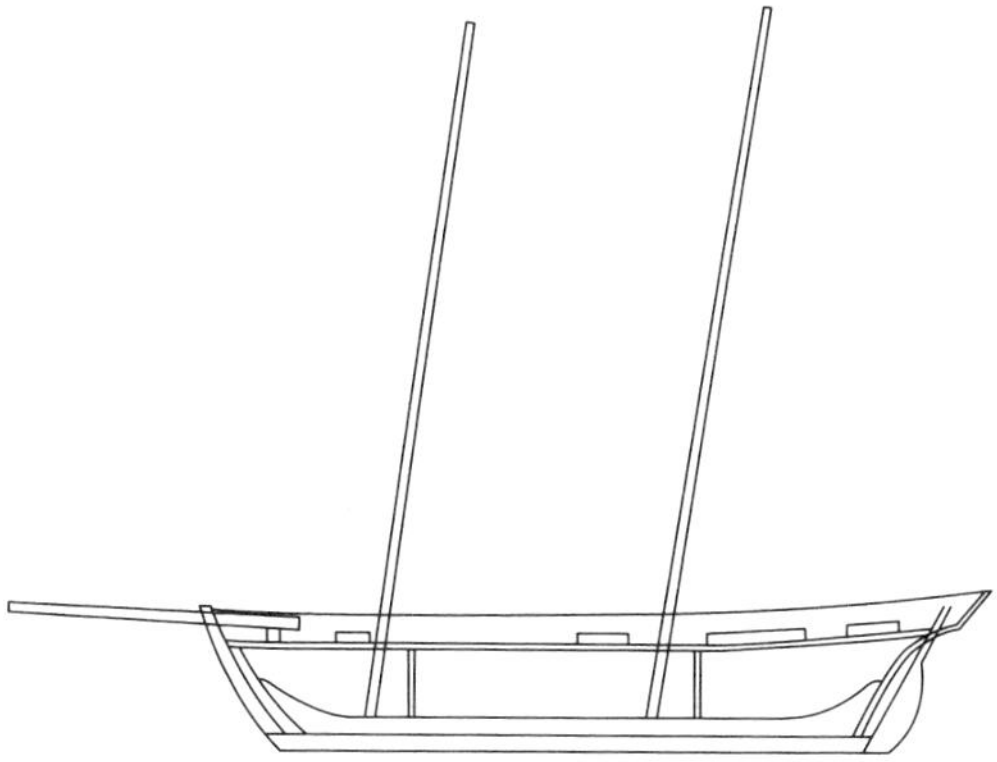

側面図（マスト、隔壁、バウスプリット）（図⑪）

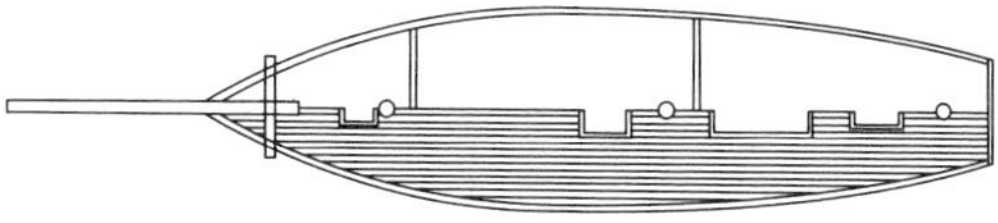

平面図（隔壁、バウスプリット、甲板）（図⑫）

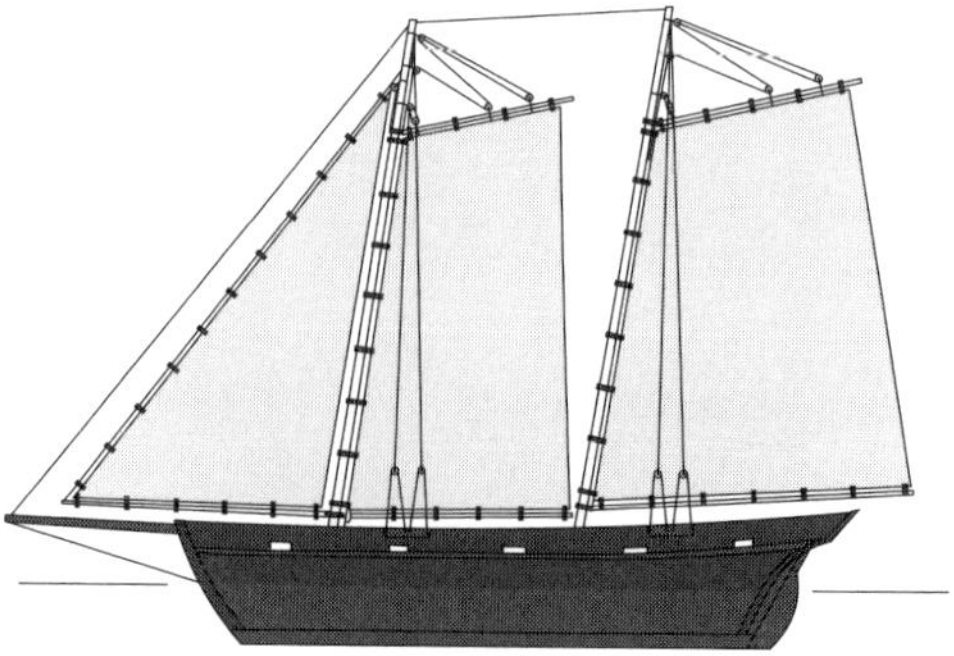

艤装を終えたヘダ号（**図**⑬）

示す。帆柱（檣）や帆桁の長さなどは書付（二）を参考にすることはできるけれど、正確な帆の形状はわからない。帆船であるため、この絵以上に索具が使用されていただろうが、簡略化のためそれらは割愛した。喫水線の位置は推測である。

ヘダ号の船体構造を容易に視覚化できるように、船首側やや斜め前方から眺めた中央部分の三次元立体図を**図**⑭に示す。コロコリツェフ論文によれば、前後の隔壁に挟まれたこの中央船室内には、二つの大きな水槽と樽や俵に入った食料とともに、士官以下の乗組員三五名が収容されていたようである。狭い船内を有効に使うため、彼らは釣床（ハンモック）で就寝していたのだろう。メインマストの前方の艙口（ハッチ）からの出入りには梯子を使い、ハッチ前の甲板上には炊事用の大鍋と竈を備えた小さな小屋が設けられた。

ロシア人に感銘を与えた日本式の六挺櫓は、どのように装備されていたのだろうか。コロコリツェフの記述を参考にして、それを再現してみたい。六本の角材を三本ずつ両舷の舷越しに一・五フィート（四五センチ）突き出し、その一方の端をハッチの縦材に開けられた受け座に嵌め込む。つまりそれら角材は取り外し可能で、必要に応じて備え付けられたと思われる。そして、舷外に突き出した角材の先端にほぞ（臍）を差し込んで櫓を漕ぐための支点とした。舷側と帆柱との間に張られたシュラウド（横静索）のような索具の邪魔にならないように六本の角材と六挺の櫓を配置す

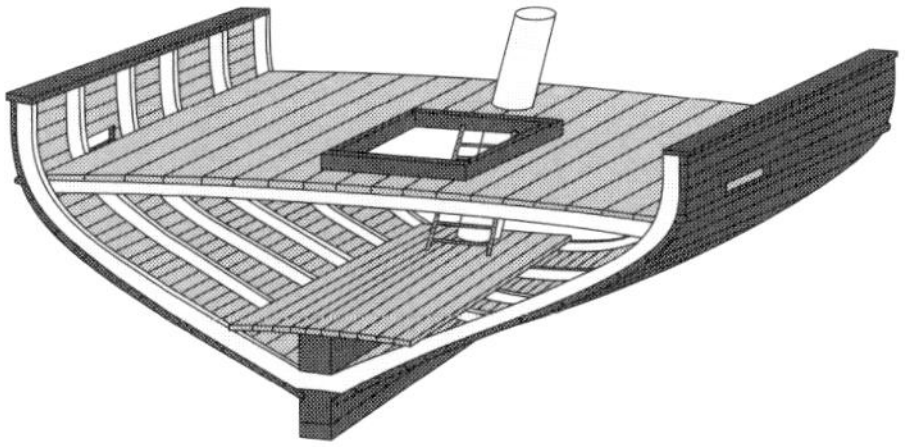

船体中央部の三次元立体図（**図⑭**）

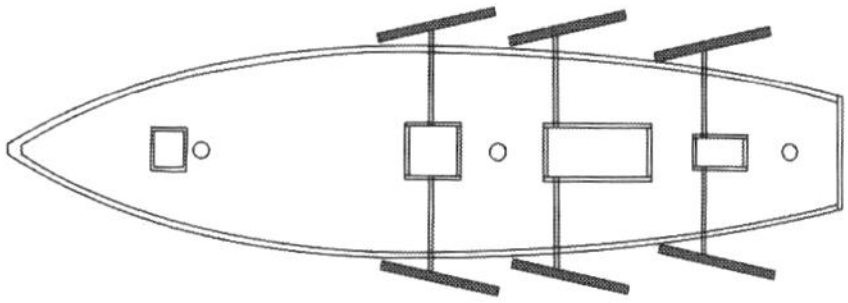

六挺櫓装備の一例（**図⑮**）

ると、図⑮のようになる。

最後に、今回の復元設計図に関する不明確な点について触れておく。

（一）平面図（図⑧）において梁の最大長六・〇メートルをもって船幅としたが、これは厳密には正しくない。梁の外側には肋骨と外板があるはずで、それらは少なく見積もっても片側だけで二〇センチはあるだろう。太田家の資料をもとにした「ヘダ号の建造[43]」では最大幅は七・〇二メートルとなっており、こちらの方が正しいようにも思われる。

しかし問題はそれほど単純ではない。太田家の資料による図①から船幅と総長の比を読み取ることができ、それは〇・二六となる。そこで総長を二四・六メートルとすれば、船幅は六・四メートルとなり、明らかに数値上の記録七・〇二メートルより狭い。同じような異同は、明治時代に造船協会が編纂した「日本近世造船史　附図[59]」に掲載されている君沢形船にも見られる。数値上の表記では最大幅は七・〇二メートルとなっているが、設計図面上の読み取り値は六・一メートルで、両者は一致しない。むしろこれら図面上の船幅は、今回の復元設計図の値に近い。従って現時点でわかる範囲では、ヘダ号の最大幅は六・五メートル前後というところか。

（二）文献43に「周縁一尺五寸（〇・四五メートル）」との記載がある。「周縁」という言葉から、ヘダ号の外周に何か構造物が取り付けられていたのではないかと想像されるが、造船（船舶）用語に「周縁」なる言葉はなく困惑するばかりである。櫓用の角材を舷側から突き出した長さ四五センチと数値的に一致するのが気になり、和船でよくあったような櫓を漕ぐ際の踏み板を外周に設置したかもしれないとの想像すら生まれる。この問題は前記（一）の船幅とも関係していて、今後に残された宿題のひとつだろう。

（三）正面線図（断面図）は図④を踏襲するしかなかったが、今後は側面線図や半幅線図の作図も試みる必要がある。

（四）バウスプリットの三角帆を含め三枚の帆の形状は不明のままである。バウスプリットと帆柱そして帆桁の長さは書付にあるので、帆の形状は図⑬に描いた艤装船のものからそれほど違ってはいないだろうが、帆桁と帆柱の間の角度（ピーク・アングル）がわからない。ヘダ号を建造した造船世話掛のひとりである堤藤吉が指導して出来上がった、田原藩順応丸の帆の形状図と各辺の長さの記録が残っているので、[53] それを参考にするのも一案だろう。

（五）錨の形状やその巻き揚げ機、舵、牽具、滑車など船（特に帆船）に欠かせない重要部品の詳細が不明のままである。錨の巻き揚げ機については、藤蔵の図面（図⑦）が参考になるかもしれない（ヘダ号には揚錨機は装備されなかったと、コロコリツェフは書き残しているけれど）。

第七章　ヘダ号復元の意義

ヘダ号の建造を短期間で成功裡に導く上で、決定的な役割を果たした日本人には、必要な資材や食料の調達と輸送そして職人の確保などを担った武士たちと、実際に造船に携わった職人たちの二つの集団があった。前者は勘定奉行で露使応接掛でもあった川路左衛門尉聖謨配下の幕府役人と韮山代官江川家の家臣（手代）からなり、後者は主として戸田の造船世話掛（七人の船大工）である。

老中阿部正弘からヘダ号建造の労にたいし褒美（金一封）を与えられた江川代官の家臣は、松岡正平、柏木総蔵、山田熊蔵、市川来吉、柴弘吉、望月大象、中村小源太、山田頼助、山田山蔵、長沢鋼吉、八田篤蔵の一一名にものぼる[60]。そのうち望月と長沢、そしてさらに江川家手代の鈴藤勇次郎と石井修三の四名は、長崎海軍伝習所の一期生として派遣されており、柴とやはり手代の安井畑蔵、松岡磐吉、肥田浜五郎は二期生として参加している[61]。その後、望月、鈴藤、松岡、安井、石井、肥田の六名は、江戸築地の講武所内に新設された軍艦操練所の教授方に就任し、さらに鈴藤と松岡と肥田は、咸臨丸に乗艦して渡米までしている（江川家手代のジョン万次郎も通訳として同行）[62][63]。これらの事実からも、彼ら江川家家臣団が幕府にいかに高く評価されていたかがわかるだろう。このような蘭学に秀でた西洋の先進技術に明るい有能な家臣団を育成・形成したことが、江川坦庵の最大の功績であったといえるかもしれない。実際彼らは、お台場の築造や反射炉の建設でも大いに力を発揮している。

直接造船に携わった者の強みだろうか、その後の戸田の七人の船大工の活躍は、これら武士集団に比べて優るとも劣らない。封建的身分制社会の世にあって、これは異例のことであったといえる。堤藤吉、石原藤蔵、佐山太郎兵衛、渡辺金右衛門の四名は、幕命により幕府直轄の石川島造船所において君沢形船四隻の建造に従事しており、明治政権成立までに幕府が建造した国産艦船二一隻のうち、君沢形一一隻、千代田形軍艦一隻、運輸船旭日丸一隻の計一三隻に戸田の船大工が関与した。

以下に、七人の船大工の活躍を個人別に瞥見《べっけん》しておく[64][65]。

・上田寅吉（虎吉）：長崎海軍伝習所の一期生として、オランダ人から蒸気船の機械製作の指導を受け、石川島造船所で木造蒸気船軍艦「千代田形」の造船に従事。榎本武揚らとともにオランダに派遣され、六年間の留学中に、幕府がオランダに発注した開陽丸の建造に立ち会う。第三章で述べたように、当時のヨーロッパの造船界は、木造から鉄造、帆船から蒸気船、外輪からスクリューへと激しい技術革新が進行している真っただ中だった。四〇過ぎの造船職人として脂の乗った時期にさしかかっていた寅吉は、それら新技術を貪欲に吸収しようとしたに違いない。その後彼は、横須賀製鉄所（造船所）の初代主船大工長（職長）として、清輝、天城、海門、天竜といった軍艦四隻の設計図を引き、同造船所長や海軍造船会議議長などを歴任した赤松則良《のりよし》から「日本造船史上の一大恩人」と称された[66]。

・石原藤蔵：造船世話掛の頭取であった彼は、石川島造船所における君沢形船の建造を指導した後、戸田に帰郷し五〇歳で亡くなっている。

・堤藤吉：長州藩の依頼を受け、君沢形丙辰丸の建造に携わり、船台式ドックの構築を含め造船作業の全工程を伝授。引き続いて田原藩に乞われて君沢形順応丸の建造を指導する。石川島造船所で仕事中にコレラに罹り三六歳で死去。

・佐山太郎兵衛：石川島造船所で仕事中に三八歳で死去。彼の甥の佐山芳太郎は、工部省所轄の兵庫造船局に勤務していたとき、大阪鉄工所（日立造船）の造船主任に招請され、その後自ら大阪難波島に造船所を創設する。造船指導者として乞われ新潟鉄工所の立ち上げにも尽力。

上田寅吉＝戸田造船郷土資料博物館所蔵

・鈴木七助：上田寅吉とともに派遣された長崎海軍伝習所で、オランダ人から蒸気船の機械製作の指導を受ける。進水作業中の事故がもとで肺炎を患い死去（三七歳？）。

・渡辺金右衛門：堤藤吉とともに長州藩の依頼で丙辰丸の建造に携わる。そして石川島造船所で千代田形

緒明菊三郎＝戸田造船郷土資料博物館所蔵

佐山太郎兵衛＝戸田造船郷土資料博物館所蔵

渡辺忠右衛門＝渡辺戊申株式会社所蔵

佐山芳太郎＝戸田造船郷土資料博物館所蔵

軍艦の造船に従事。彼の息子・渡辺忠右衛門は、横須賀製鉄所、大阪鉄工所（日立造船）、三菱製鉄所を経て、渋沢栄一や地元財界人らにより設立された横浜船渠《せんきょ》（ドック）に引き抜かれ、その後独立して神奈川台場の東隣に渡辺船渠を開設する。

・緒明嘉吉：ヘダ号建造時最年長だった彼は、七一歳で東京にて死去。彼の息子・緒明菊三郎は、永代橋・両国間の墨田川一銭蒸気船の運行で財を成し、品川沖第四砲台跡に緒明造船所を設立。主に西洋型の単スクリュー木造小型蒸気船（四〇隻ほど）とともに、一〇〇〇トンクラスの大型木造船を建造した。浦賀造船所の建設（潮留工事と掘削工事）を担当し、設立当時の浦賀ドック株式会社の相談役に就任する。その後海運業に参入し、汽船一七隻、帆船数十隻を所有。赤松範一編の「赤松則良半生談」において、「日本造船業の創始者」と評されている。[67]

高齢もしくは若くして病気や事故で亡くなった者を除けば、伊豆の孤立した海村であった戸田の七人の船大工およびその親族が、幕末から明治にかけて、日本の代表的な造船所の創設と洋式船の建造とに果たした役割がいかに大きかったかは明らかだろう。ヘダ号の建造をもって「日本近代造船の礎」と称する所以である。

彼らの活躍に影響・触発されて、明治になってから横浜や横須賀の造船所に、戸田村やその周辺の若者たちがこぞって造船工として働きに出ている。

ヘダ号は幕末に造られた単なる西洋式の帆船ではない。それは以下の歴史ドラマを体現した稀有な帆船であった。

・日露和親条約の締結を求めるプチャーチン提督の来航。
・安政東海地震に伴う大津波によるディアナ号の下田湊での大破。
・富士の宮島沖でのディアナ号の沈没と沿岸住民による乗組員五百余名の献身的な救援活動。
・クリミア戦争の極東への波及とプチャーチンによる代替船の建造要求。
・洋式船建造技術習得の好機として、海軍創設を急ぐ幕府による代替船建造の許可。
・韮山代官江川太郎左衛門英龍（坦庵）と先進的技術者集団としての家臣（手代）たちの活躍。
・戸田村の腕の立つ優れた船大工の存在と、村民とロシア水兵との半年間にもわたる物心両面での交流。
・七人の船大工による国内各地への洋式造船術の伝播と転移。

このような歴史的意義のあるヘダ号を復元するには、幾つかの条件をクリアする必要があるだろう。

（一）前記の歴史的意義を認識・理解した一般市民の手による再建運動の発足。これは従来の歴史的な船（和船、洋船を問わず）の復元計画が、ともすれば行政主導だった弊害を避けるためにも大切なことだろう。第一章で指摘したように、船舶海洋文化への評価が決して高いわけではないわが国では、市民の自発的な呼びかけから出発した裾の広い運動でなければ、復元船の維持・運営にはかなりの困難が付きまとうと予想される。

（二）復元に必要な古文献・資料（例えば絵図や設計図）の発掘と保存。ヘダ号建造から一六五年。多くの資料だけでなく関係者の記憶が失われつつあるとき、復元に残された時間はそれほどないように思われる。

（三）地域住民への啓蒙活動の展開。地域に関連した歴史（郷土史）の教育や情報発信が従来欠けていたせいもあって、前記の歴史的事項のどれひとつとして、子どもはもちろん大人にもほとんど知られていないのが実情である。市民運動の盛り上がりの観点からも早急に改善する必要があるだろう。

（四）復元後の活用（運用）方法について、採算面を含め、可能な限り具体的な検討をすすめる。船の復元だけに終わらせず長く活用することで、広く国内外に前記歴史ドラマの周知を図ることができるようになる。

戸田牛ヶ原でのヘダ号の完成は、造船技術の習得にとどまらず、近代的な洋式ドックがわが国へ導入される端緒でもあった。船底に竜骨構造を有する西洋式船の建造にともなうドック構築の必要性は、水戸藩により石川島で造られた旭日丸が、進水作業中に砂泥中に横倒しに頓挫したため[68]、品川沖に引き出す作業が困難を極めたことからもうかがえるだろう[69]。船台を構築するスペースを確保するため、戸田湾内の険しい岬により村から隔離された入江の山側の一部を削って造られた牛ヶ原造船所（船台式ドック）は、日露両国の協力により建設された日本産業史上極めてまれな土木遺産であり、後に続く長州萩の恵美須《えびす》ヶ鼻《はな》造船所などに大きな影響を与えた革新的な産業遺産でもある。(70)

ここで述べた意味からも、石原藤蔵の書付（一）と（二）が、「知行《ちぎょう》」として船台の構築から記述をはじめているのは注目されてよい。そこでは、幅六間（一〇・九メートル）、長さ一三間二尺（二四・二メートル）の広さを有する勾配六％（壱尺ニ付六分ノ下リ）の傾斜した土台を岸辺に造成し、その上に松杉の角材一五本を並べ、それら角材の間に小石砂を入れて突き固め枕木構造を造るなど、船台式ドックの建設方法が具体的に筆録されている。コロコリツェフ論文によれば、進水式を前にして、この枕木構造の上に二列の角材からなる木製レールを敷設し、岸辺の土台から海底に延びる架台を増設。そしてさらに、ヘダ号を載《の》せる橇《そり》（滑り台）を製作したようである。(71)

ヘダ号の復元とならんで、牛ヶ原造船所跡地とその関連史料を、それぞれ「明治日本の産業革命遺産」への追加登録と「世界記憶遺産」への新規登録を目指すことは、運動の有機的なあり方として一考に値すると思われる。

以上述べてきたことを踏まえれば、ヘダ号復元（再建）の目的と意義は次のように要約できる。

(1) 日本近代造船の礎としてのヘダ号建造の歴史的意義の再評価。

(2) 遭難したディアナ号乗組員の駿河湾沿岸住民による救難活動に関する資料の発掘・保存と継承。
(3) ヘダ号建造に携わった諸階層の人々の再評価と顕彰。
(4) ヘダ号およびその歴史の市民向け啓蒙活動。
(5) 静岡県東部および下田や韮山（伊豆の国市）を含む伊豆地方全体の郷土愛の醸成。
(6) 民間交流による日露友好への貢献。
(7) 青少年・社会人向け海洋実習教育への機会提供。
(8) 行政・市民団体による各種イベントでの活用。
(9) 観光事業の展開と国内外からの観光客の誘致。
(10) 駿河湾周辺の地域振興への貢献。
(11) 運航関連事業の展開と次世代事業の構築。
(12) 牛ヶ原造船所跡の整備など世界遺産登録運動との連携。

第八章　おわりに

日露和親条約の締結に尽力したコンスタンチン・ポシェートが、条約批准書交換のためのロシア側全権特使として、ヘダ号を曳航しつつ軍艦オリーヴツァ号で、世界に門戸を開いたばかりの箱館を経て下田に入港した。一八五六年一一月八日（安政三年一〇月一一日）のことである。[72] 日本側の全権は下田奉行の井上信濃守清直《きよなお》と岡田備後守忠養《ただやす》の二人。批准書の交換はヘダ号の船上で行われ、満艦飾をほどこしたオリーヴァ号からは祝砲が放たれた。批准書の交換が終わると、プチャーチンの約束のとおり、ヘダ号は日本に返還され、同号のロシア国旗に代わって白地に日の丸の真新しい日本国旗が掲げられた。日本側全権は、ロシア宰相ネッセリローデ宛の老中連署の答書をポシェートに渡す。その答書で幕府は、下田に残されているディアナ号の備砲五二門の日本への寄贈およびプチャーチンらの滞在費の支払いを謝すとともに、下田と箱館のいずれかに官吏を派遣するというロシア政府の申し出を承諾する旨を伝えた。

その後ヘダ号は、しばらく韮山江川代官所の管理のもと下田湊にあり、品川との間の米や材木の輸送船や洋式操船技術習得のための練習船として使われたようである。ジョン万次郎が小笠原まで捕鯨のため出かけたときに使ったとの話もある。[73] しかし、最期をどのように迎えたかについては定かではない。そのまま下田湊か品川湊で朽ち果てた可能性もあるし、榎本武揚率いる軍隊とともに箱館五稜郭の戦争に（運搬船として）参加した可能性もあるようである。一八七二年（明治五年）にロシアの皇族に随行して来日したポシェートは、箱館港に係留されたままのヘダ号を見つけ、地元の人たちにその保存を強く勧めたとのこと。[74] 彼が当時普及していた君沢形の船をヘダ号と見誤ったのでなければ、そのときヘダ号は箱館港にいたことになる。しかし地元の人たちの中には、その一〇〇トン足らずの小さな木造帆船が、十数年前に日本とロシアとの「友好の渡し船」となったことを知る者はだれ一人としてなく、そのまま放置されやがて腐朽したらしい。下田か品川かあるいは箱館かいずれの地であるにしろ、幕末から明治への激動の時代を背景に繰り広げられたヘダ号をめぐる歴史ドラマは、観客のいない舞台で寂しくそして静かに幕を下ろしたのだろう。

日本近代造船の礎となったヘダ号を再び蘇らせることは、それに携わった多くの人たちの業績を再評価する確かな一歩になると思われる。そして霊峰富士を背景に、白い帆を風に翻しながら駿河湾を快走する再生ヘダ号が、周辺地域を活性化する一助となることができるならば、わが国の船舶海洋文化の振興に積極的な寄与をするに違いない。

〔付記〕 本稿の脱稿（二〇一八年八月）後、「日露交渉史話」（文献74）の記述に関して、藤蔵から数えて五代目に当たる石原重利氏から話を伺う機会を得た。その結果、一連の藤蔵資料を旧海軍が借り出していたことが判明した（本書収録の「洋式帆船ヘダ号の石原藤蔵資料と横須賀海軍工廠造船部」を参照）。そのときの調査により、さらに次の二点が明らかとなった。

（1）返却された資料を収納していた大判封筒裏面の覚え書き「責任 石原出品十一点在中」と書付（二）の署名「石原藤蔵」の筆跡が極めてよく似ていた。このことから推察して、書付（二）の署名は、一連の資料が戸田造船郷土資料博物館に寄託されるときに、石原家の関係者が記入したものと思われる。

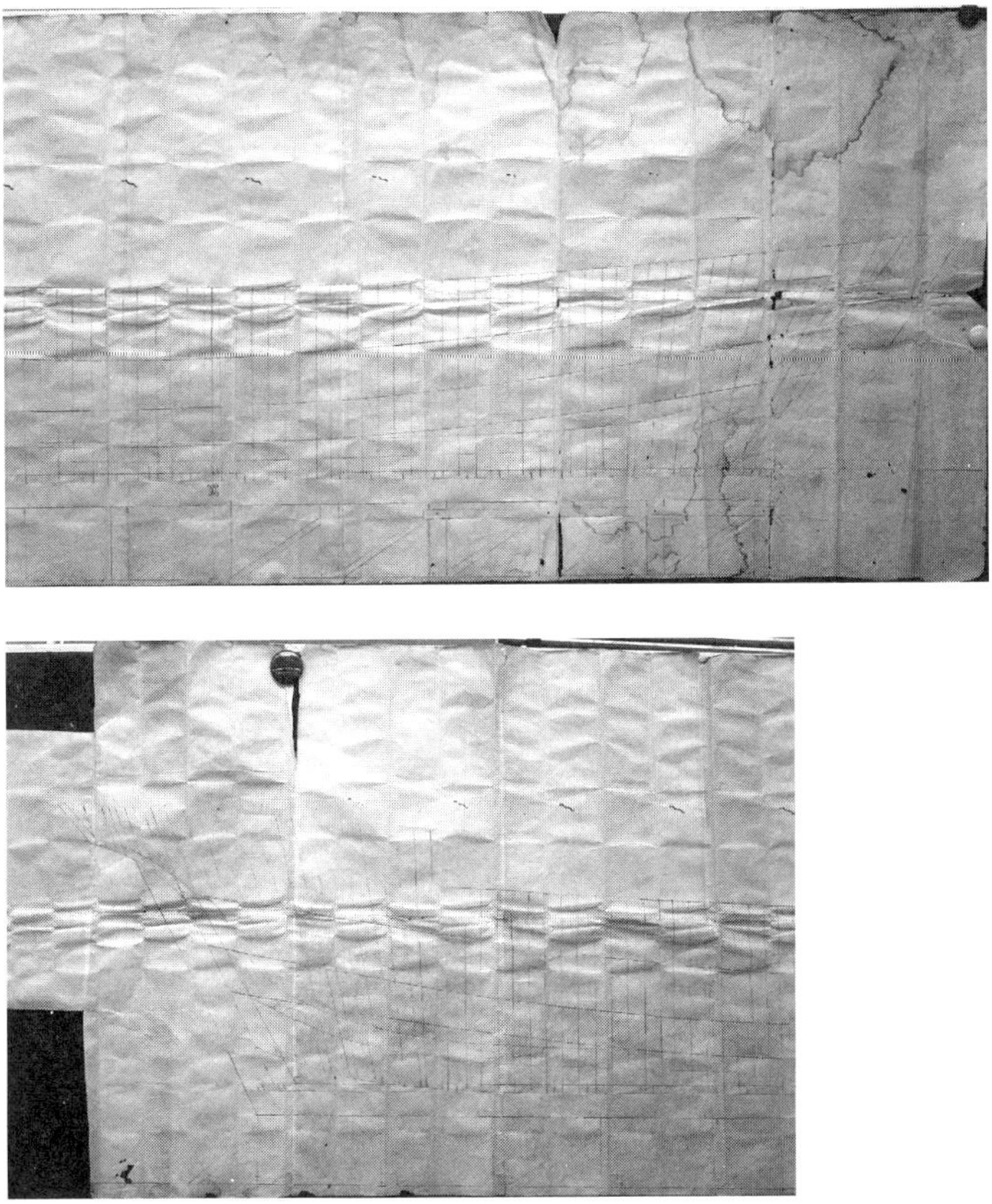

新しく見つかった石原藤蔵の設計図（側面図）の（上）前半部と（下）後半部。原図の描線はかなり薄くなっており、本書で明確に再現するのはむつかしい。

（2）藤蔵が描いたと推察される側面図が、大判封筒の中から新たに一枚見つかった。何故この図だけがいままで埋もれたままだったかの理由はわからない。図面には船体中央部記号（ミッドシップ・マーク）以外に文字の書き込みは何もないが、サイズ的には一〇分の一の縮小図のようである。図面が横長のため、その前半部と後半部を分けて掲載しておく（前頁）。この図面の検討は今後に残された課題のひとつである。

参考文献

（1）石井謙治（監修）：「日本の船を復元する―古代から近世まで―」（学習研究社、二〇〇二年）。
（2）大島明秀：「『鎖国』という言説―ケンペル著・志筑忠雄訳『鎖国論』の受容史―」（ミネルヴァ書房、二〇〇九年）。志筑忠雄はまた、ニュートンの力学的世界観を要約したイギリスの自然哲学者ジョン・カイルの「求力法論」を翻訳し、「引力」、「重力」、「遠心力」、「求心力」、「動力」といった物理用語の考案とともに彼自身の註釈を加えている（加藤周一：「日本文学史序説（下）」（筑摩書房、一六八頁、一九八〇年））。
（3）日本で建造された西洋式帆船としては、ウィリアム・アダムスの指導により伊東で造られたサン・ブエナ・ベントゥーラ号の方が仙台のサン・ファン・バウティスタ号より歴史的には古い。ただ、後者についての文献史料はあるものの（石井謙治：「伊達政宗の遺欧使節船の船型などについて」〔海事史研究　第八号、七九頁、一九六七年〕）、前者については、大きさが一二〇トンだったと誌すアダムスの書簡以外に船体構造に関する記録は何も残っていない。
（4）寺谷武明：「日本近代造船史序説」（巖南堂書店、三～四頁、一九七九年）。

（5）安達裕之：「異様の船―洋式船導入と鎖国体制―」（平凡社選書、第一章、一九九五年）。
（6）徳川斉昭：「戊戌封事」（「水戸藩史料　別記上」〔水戸徳川家、一八九七年〕所収）。
（7）本書収録の論考「幕末における日露関係と朝幕関係の推移―新しい開国史像を求めて―」を参照。
（8）朴栄濬《パクヨンジュン》：「海軍の誕生と近代日本―幕末期海軍建設の再検討と『海軍革命』の仮説―」（ＳＧＲＡレポートNo.００１９、二〇〇三年）。
（9）安達裕之：「近代造船の曙―昇平丸・旭日丸・鳳凰丸―」（日本造船学会誌　第八六四号、六六五頁、二〇〇一年）。
（10）服部之総：「黒船前後・志士と経済―他十六篇―」（岩波文庫、五頁、一九八一年）。
（11）板沢武雄：「人物叢書　シーボルト（新装版）」（吉川弘文館、二〇二頁、一九八八年）。
（12）勝海舟：「開国起原　魯国使節渡来」（「勝海舟全集　第一五巻」〔講談社、一九七三年〕所収、二四八頁）。
（13）仲田正之：「人物叢書　江川坦庵（新装版）」（吉川弘文館、一九八五年）。
（14）橋本敬之：「幕末の知られざる巨人 江川英龍―勝海舟が絶賛し、福沢諭吉も憧れた―」（角川ＳＳＣ新書、二〇一四年）。
（15）川路聖謨（藤井貞文・川田貞夫校註）：「長崎日記・下田日記」（平凡社東洋文庫、一五〇頁、一九六八年）。交渉相手の「布恬廷（プチャーチン）」を常日頃「布廷奴（フテイヤツ）」と揶揄していたものの、川路は日記の中で自分など及びもしない「真の豪傑也」（一八二頁）と讃嘆している。
（16）下田市史編さん委員会：「下田市史　別編　幕末開港」（下田市教育委員会、六六頁、二〇一六年）。「安政東海地震」に連動して約三二時間後に、南海トラフ沿いの紀伊半島から四国沖を震源とする「安政南海地震」が発生し、関西及び四国地方一帯に甚大な被害をもたらしている。
（17）イワン・アレクサンドロヴィチ・ゴンチャローフ（高野明・島田陽訳）：「ゴンチャローフ日本渡航記」（雄

松堂書店、六七七頁、一九六九年）。

(18) 大佛次郎：「天皇の世紀（一）」（朝日新聞社、三五七頁、一九六九年）。

(19) 川路聖謨：前掲書、一六七頁。

(20) 富士市教育委員会：「ロシア軍艦ディアナ号の遭難 ―富士市とのかかわり―」（富士市教育委員会、一二六頁、一九九一年）。

(21) イワン・アレクサンドロヴィチ・ゴンチャローフ：前掲書、六八三頁。

(22) 奈木盛雄：「駿河湾に沈んだディアナ号」（元就出版社、二七〇頁、二〇〇五年）。

(23) 戸田村文化財専門委員会・同小委員会：「ヘダ号の建造 ―幕末における―」（戸田村教育委員会、六五頁、一九七九年）。

(24) 勝海舟：「海軍歴史　巻の二」（「勝海舟全集　第八巻」〔講談社、一九七三年〕所収、五二頁）。ロシア将兵すべてが戸田浦を出帆した後になって、ディアナ号遭難のことを伝え聞いた本国の家族や友人たちからの手紙が日本に届いた。厄難にめげず勇気を鼓舞する文面によほど感激したのだろう、海舟はそれら和訳した手紙八通を「海軍歴史　巻の二」の最後第一一条（七三頁）に収録している。

(25) 江川坦庵が韮山代官に就任した当時（一八三五年）、戸田村はすでに彼の支配（年貢収取・治安維持）する幕領ではなかった。そのため彼は、戸田の地勢に疎かった可能性がある。このことが、下田取締役に任命された坦庵が、ディアナ号修理の候補地として戸田浦を推薦した形跡がない理由かもしれない。

(26) 戸田村文化財専門委員会・同小委員会：前掲書、一四一頁。

(27) 戸田村文化財専門委員会・同小委員会：前掲書、一〇四頁。

(28) 戸田村史編さん会議・沼津市教育委員会：「戸田村史　通史編」（沼津市、二三九～二四一頁、二〇一六年）。

(29) 静岡地方法務局沼津支局：「所在：静岡県沼津市戸田字牛ヶ原」および「所在：静岡県沼津市戸田字牛ヶ

洞（地図番号：沼四〇二一）」。

(30) 橋本敬之：「前田甲龍留書之内（ヘダ号建造顛末）」（第四回市民セミナー講演資料、伊豆の国市、二〇一八年三月四日）。

(31) ヘダ号が進水式を迎える一ヶ月ほど前の三月二六日に、ロシア水兵の一部を帰国させるために雇った、アメリカのスクーナー形商船カロリーナ・フート号がプチャーチンを乗せて下田から戸田湊に入港した。実物のスクーナーを見学できるよい機会となり、ヘダ号を建造中だったロシア人と日本人にとって大いに参考になったようである。このことは、実際に出来上がったヘダ号が、ロシア人技術士官が作成した設計図原案から、部分的であれ変更された可能性があることを示唆している。

(32) 戸田村文化財専門委員会・同小委員会：前掲書、一五三頁。

(33) 安元隆子：「文学に描かれた戸田の日露交流」（日本大学国際関係学部研究年報　第三七集、二九頁、二〇一六年）。

(34) 中村善和：「橘耕斎正伝 ―ロシア外務省に勤務した日本人の話―」（長塚英雄編「ドラマチック・ロシア in Japan (2)」、生活ジャーナル、四二四頁、二〇一二年）。

(35) 川路聖謨：前掲書、二一四頁。

(36) 奈木盛雄：前掲書、六三五頁。

(37) 戸羽山瀚編：「江川坦庵全集　その一　造船資料」（巖南堂書店、六三頁、一九七二年）。

(38) 山本潔：「『ヘダ号』の建造（1854・55年）（二）―近代造船技術形成の初期条件―」（社会科学研究第四三巻 第六号、一二二頁、一九九二年）。

(39) 江戸時代末の戸田村には、松城家や太田家（井田屋）、辻家など廻船問屋が数軒あり、そのため腕のいい船大工はいたのだろうが、廻船問屋のある湊町は日本中他に幾らもあった。従ってヘダ号建造の一件は、弁財船のような和船の建造や修理を手掛けていた当時のわが国の船大工の技量が、大型航洋船を造っていたヨーロッパの造船職人と比べて遜色のない水準にあった証左でもある。

(40) 北澤法隆：「ロシア海軍雑誌『モルスコイ・ズボルニク』のスクーナー『ヘダ』建造記事」（海事史研究　第五四号、一四頁、一九九七年）。

(41) 北澤法隆：「ロシアと日本から見たディアーナ号事件とヘダ号」（戸田講演会資料、二〇一〇年五月二五日）。

(42) 北澤法隆：「日本におけるスクーナー『ヘダ』建造のロシア側関係史料」（海事史研究　第五一号、五三頁、一九九四年）。

(43) 戸田村文化財専門委員会・同小委員会：前掲書、一二〇頁。

(44) 中島三郎助：「南豆紀行」（中島義生編：「中島三郎助文書」〔一九九六年〕所収）。

(45) 森義男：「プチャーチンと下田」（下田市観光協会、二〇九頁、一九七七年）。

(46) 橋本敬之：「君沢形帆船の原型ヘダ号」（東京新聞、二〇一八年七月八日）。

(47) 橋本敬之：「ヘダ号建造への江川坦庵（英龍）の寄与と韮山形帆船について（「君沢形船製造御用留」）」（第一回シンポジウム「スクーナー形洋式帆船ヘダ号の再建に向けて」講演資料、沼津市、二〇一六年一〇月一日）。

(48) 戸羽山瀚編：前掲書、五〇頁。

(49) 山崎継述：「嘉永七甲寅歳 地震之記」（沼津市明治史料館、三四～四五頁、二〇一一年）。

(50) 沼津市歴史民俗資料館所蔵「内浦小海　益田家文書」（沼津市史編さん委員会・沼津市教育委員会編：「沼津市史　史料編　近世二」〔沼津市、二〇〇〇年〕所収、五一一頁）。

(51) 井坂清信：「東洋文庫所属『プーチャチン以下露国船来朝戸田浦にて軍艦建造図巻』の筆者について」（東洋文庫書報　第三五号、一頁、二〇〇四年）。

(52) 例えば、愛野忠四郎：「安政二年　外船製造ニ関スル書類」、「安政二年の頃　船製造其他之件」（佐賀県立図書館）。
(53) 田原町文化財調査会編：「田原町史（中巻）」（田原町教育委員会、七二八頁、一九七五年）。
(54) 戸田村文化財専門委員会・同小委員会：前掲書、一九七頁。
(55) 戸田村文化財専門委員会・同小委員会：前掲書、一〇七頁。
(56) 富士市教育委員会：前掲書、一九七頁。
(57) 大南勝彦：「ペテルブルグからの黒船 ―幕末日露交渉秘話―」（六興出版、二〇五頁、一九七三年）。
(58) ニコライ・ザドルノフ（西本昭治訳）：「北から来た黒船（三）」（朝日新聞社、五七八頁、一九八二年）。
(59) 造船協会編：「日本近世造船史　附図」（弘道館、第二二図、一九一一年）。
(60) 戸羽山瀚編：前掲書、三六頁。
(61) 藤井哲博：「長崎海軍伝習所 ―十九世紀東西文化の接点―」（中公新書、一九九一年）。
(62) 相原修：「洋学者・石井修三の生涯 ―西洋を学び明治を先覚した偉才―（改訂版）」（羽衣出版、二〇一四年）。
(63) 土屋重朗：「近代日本造船事始 ―肥田浜五郎の生涯―」（新人物往来社、一九七五年）。
(64) 戸田村文化財専門委員会・同小委員会：前掲書、二二一頁。
(65) 菅沼基臣：「上田寅吉史伝」（沼津史談　第六二号、八一頁、二〇一一年）、「緒明菊三郎翁伝」（沼津史談　第六三号、五六頁、二〇一二年）、「渡辺忠右衛門翁伝」（沼津史談　第六四号、八〇頁、二〇一三年）、「佐山芳太郎小伝」（沼津史談　第六五号、四九頁、二〇一四年）。
(66) 赤松則良：「欧式海軍創設時代の追憶（下）」（同方会誌　第四八号、八頁、一九一八年）。
(67) 赤松範一編注：「赤松則良半生談 ―幕末オランダ留学の記録―」（平凡社東洋文庫、二五二頁、一九七七年）。

(68) 安達裕之：「獅子滾丸 —旭日丸拾遺—」（海事史研究 第五七号、二一頁、二〇〇〇年）。

(69) 石川島での旭日丸の進水作業に難渋していた水戸藩は、進水方法や造船技術を習得するため、急遽藩吏・船大工など二十余名を戸田村に派遣し、建造中のヘダ号を実地見学させている（石川島重工業株式会社社史編纂委員会編：「石川島重工業株式会社１０８年史」〔石川島播磨重工業株式会社、一八七頁、一九六一年〕）。

(70) 現在、牛ヶ原造船所跡地には、一九二三年（大正一二年）に村費で建立された「造艦碑」が建つ。が、これより三〇年以上前の一八九一年（明治二四年）四月に、ヘダ号建造時の御用掛や世話掛およびその近親者とともに勝海舟やロシア全権公使を発起人とし、品川弥二郎、江原素六、榎本武揚、井口省吾のような明治の要職経験者ら五九名を賛同者として、三種類の図案を添えた「露艦遭難戸田造舩紀念碑建設之旨趣」が起草された。しかしこの記念碑建設計画は、来日したロシアのニコライ皇太子が戸田村を訪問する機会に起ち上げるべく図られていたようだが、その直前に彼が警察官に斬られて負傷するという大津事件が起こったため、幻の計画に終わっている。

(71) 本書収録の論考「幕末期におけるわが国への船台式ドックの導入」を参照。

(72) このときプチャーチンは、バルチック艦隊の軍港があるクロンシュタットの軍事知事を務めており、その後文部大臣に就任する。彼はヘダ号を建造する際に日本側から懇切な援助を受けたことに終生好意を持ち続け、帰国後も様々なかたちで日本に貢献した。そのような彼の厚情にたいし明治政府は、一八八一年（明治一四年）勲一等旭日大綬章を贈る。プチャーチンの死後、長女オリガが来日し、戸田村などを訪問。そして亡き父の遺産から八〇〇ルーブルを日本（そのうち一〇〇ルーブルを戸田村）の貧しい人々に寄贈したいと希望した。この申し出に感激した戸田村議会は「貧民救助法」を決議し、遺贈金を逓信省為替貯金局に預け、将来村民の中に著しく生活に支障をきたす者が現れた場合、利息の範囲で救済し、元金を減らさないことを定めた。

（73）中浜東一郎：「中浜万次郎伝」（冨山房、二五六頁、一九三六年）。

（74）平岡雅英：「日露交渉史話」（筑摩書房、三四六頁、一九四四年）。戸田の船大工たちに言及したこの本の中に、「棟梁石原藤蔵は、五十五日間露人技師の宿舎に通って、西洋型造船術を研究した。その時に作った図面等は、いま横須賀造船所に保存されている」との興味ある記述がある（三四五頁）。それらの図面と本稿で取り上げた藤蔵の設計図との関連を含め、この記述の是非については今後の調査結果が待たれる。なおこの本の序文の末尾に、「巻末に参考書目の一覧表を附する予定のところ、その原稿が紛失し、いま急に再び作成することは不可能なので、やむをえず省略することにした」とのことわりがある。

幕末における日露関係と朝幕関係の推移

―新しい開国史像を求めて―

一七世紀はじめに成立したロマノフ王朝（一六一三〜一九一七年）出身のピョートル大帝（在位一六八二〜一七二五年）は、初代ロシア皇帝として積極的な西欧化政策を推進した。彼は西ヨーロッパへの使節団の一員として、オランダでは自ら造船所で一職工として働き、造船技術を習得。さらに造船学を学ぶためイギリスに渡り、造船所で技師見習いとして働いた。このヨーロッパ歴訪を契機に彼は、海軍の育成に努め、ロシアはバルト海海域の覇権を確立して大きな発展を遂げる。彼はまた、コサックが開拓したシベリア地方に進攻し、中国を支配していた清と国境を確定するとともに、アムール川（黒竜江）を下ってオホーツク海沿岸まで領土を拡大した。

ほぼ同じ頃、日本では徳川幕府（一六〇三〜一八六七年）が政権を掌握した。幕藩体制が確立されていくと、商活動の活発化に伴う物流量の増大に見合うように、大型商船が建造されるようになり、国内各地の港町を行き来する廻船業が発達した。しかし千石船（弁財船）に代表される和船の脆弱《ぜいじゃく》性のため、嵐に遭遇して難破する事故が繰り返されるようになる。そして太平洋沿岸で遭難した船乗りたちは、黒潮（日本海流）に乗って、千島列島やカムチャツカ半島、さらにはアリューシャン列島など北方へ流されていった。

記録に残る最初の漂流民は、一六九五年（元禄八年）に大坂から江戸へ向かう途中で難破し、六ヶ月も漂流してカムチャツカ南部に辿り着いた商人のデンベイ（伝兵衛）である。[1] デンベイに会見したピョートル大帝は、一七〇五年の勅令で、彼を教師にペテルブルグの航海数学学校内に日本語学級を開設し、それと同時に日本との通商を開くことを掲げた。その後、カムチャツカに漂着したソーゾー（宗蔵）とゴンゾー（権蔵）の二人は、一七三〇年代に女帝アンナに謁見を許され、ペテルブルグの日本語学校で教師を務めた。ゴンゾーは日本語を習得した科学アカデミーのボグダーノフに協力して、露日辞典や日本語会話の本を編纂。これら漂流民はすべてロシアの地で生涯を終えた。もちろん記録に残らない漂流民が多かったことは言うまでもない[2]。

ピョートル大帝の勅令もあって、彼以降のロシアの為政者は、シベリア―太平洋通路の探索に熱心で、特にそのなかでもヴィトゥス・ベーリング指揮の探検隊は、アジアとアメリカの両大陸が地続きでないことを発見した（一七二八年）。一方、日本への通路を探索していた一隊は、一七三九年（元文四年）に房州天津《あまつ》村（現千葉県鴨川市）に来航し、給水のため上陸した隊員は住民から歓待を受けた。幕府は、このときロシア人が残していった銀貨を長崎出島のオランダ人に見せて、はじめてこの異国船が「モスコヴィア」という国から来た船であることを知る。

一八世紀も後半になると、千島列島や蝦夷地でロシア商人と和人やアイヌ人との間で、木材や毛皮、鯨油、塩漬けの魚などの交易がはじまった。それと同時に、両者のラッコ猟場の争奪といった血なまぐさい事件も頻発するようになる。一七七八年、ウルップ島在留のロシア人数十名が東蝦夷地のノッカマップ（現根室市の東方）に渡来し、たまたまそこにいた松前藩の役人に、通商関係樹立を要請する書簡を渡した[3]。しかし翌年、松前藩吏は、長崎以外での対外貿易は禁じられていると型通りに断る。これらロシア人との衝突や交渉の経緯を、松前藩は政治上の利害関係から、江戸の幕府へは一切報告しなかった。

伊勢国奄《あん》芸《き》郡《ぐん》白子（現三重県鈴鹿市）の船頭・大黒屋光太夫は、江戸へ向かう途中の駿河沖で嵐に出合い、一七八三年にアリューシャン列島に漂着。ペテルブルグへ移送されるとき、イルクーツクで博物学者のキリル・ラクスマンと出会い、彼の尽力により女帝エカテリーナ二世に謁見して、帰国を許された。ちなみにキリル・ラクスマンは、長崎の出島に滞在して日本の植物学や蘭学の発展に寄与した「出島の三学者」の一人であるカール・ツンベルクに師事し、かねてから日本に強い興味を抱いていたといわれる。光太夫と部下二名を返還する機会を利用して、日本との通商関係樹立を計画していたロシア政府は、アダム・ラクスマン（キリルの次男）を第一回遣日使節として任命する。

ラクスマンは一七九二年（寛政四年）エトロフ島の西を通って根室に入港し、勅命により来航した旨を記した手紙を松前藩吏に提出した。海防体制の整備を急いでいた老中首座松平定信は、国書は受理せず、ロシア船の江戸回航は許さず、漂流民は松前で受け取り、通商その他の願い事は長崎で商議するとして、次のような長崎入港の許可証（信牌《しんぱい》）を与えた。「おろしや国の船一艘、長崎に至る為のしるしの事。爾等《なんじら》に諭《さと》す旨を承諾し、長崎に至らんとす。抑《そもそ》も切支丹の教は我国の大禁なり。（中略）この旨よく格遵《かくじゅん》して、彼地に至り、猶《なお》研究して上陸をゆるすべきなり。夫《それ》が為にこの一証を与ふる事しかり[4]」。しかし結局ラクスマンは、長崎へ行くことなく帰路に就いてしまう。このようにして日本とロシアとの政府間交渉ははじまった。

幕府の許可の下、漂流から約一〇年を経て光太夫らは松前に上陸して帰国を果たした。しかしこの地で一人（小市）は死亡し、残る二名（光太夫と磯吉）は江戸へ送られる。将軍家斉や老中松平定信の面前で、光太夫はロシアについての知見を披露し、それをもとに蘭学者の桂川甫周《ほしゅう》は、ロシアやシベリアの地誌・見聞録である「北槎聞略《ほくさぶんりゃく》」を著した。

松平定信はロシアとの交易に前向きだったようだが[5]、エカテリーナ二世はフランス革命やナポレオン戦争などヨーロッパで生起する諸事件に忙殺されて、ただちに使節を派遣することはなかった。やっと一八〇四年一〇月九日（文化元年九月六日）になって、ラクスマンが持ち帰った信牌と新しくロシア皇帝になったアレクサンドル一世の親書を携え、仙台出身の漂流民の送還を名目に、第二回ロシア遣日使節ニコライ・レザノフが長崎に来航した。大物使節のレザノフは皇帝直属の侍従長で、アラスカの植民地経営と北太平洋における交易を目的に設立された、ロシア国策の露米会社の総支配人でもあった。

第一回ロシア遣日使節アダム・ラクスマン＝函館市中央図書館所蔵

松平定信のあとを継いだ老中土井利厚《としあつ》は、「腹の立つような乱暴な応接をすればロシアは怒って二度

第二回ロシア遣日使節ニコライ・レザノフ＝早稲田大学図書館所蔵

と来なくなるだろう。もしもロシアがそれを理由に武力を行使しても、日本の武士はいささかも後れはとらない」と主張した。発病したレザノフと随員、漂流民は上陸を許されたものの、半年間長崎のはずれ梅ヶ崎にある竹矢来で隔離した宿舎に留め置かれ、翌年、幕府は親書を受理することもなく信牌を取り上げ、「唐山（中国）、朝鮮、琉球、紅毛（オランダ）以外とは外交通商関係をもたないのが祖法である」として通商を拒絶し、食料も十分に提供しないまま退去を命じた。洋画家で蘭学者の司馬江漢《しばこうかん》は、ロシアの正式な使節にたいする幕府の乱暴で冷淡な対応を批判して、「レサノット（レザノフ）は彼の国の王の使者なり、王はわが国の王と異らんや。それは人道教示のはじめとす。（中略）必ずやわが国の人を彼等禽獣のごとく思ふべし」と書いた(6)。

レザノフは帰途に就いたものの、彼の部下ニコライ・フヴォストフらが、皇帝の許可なく、一八〇六年一〇月二二日（文化三年九月一一日）にはカラフトの松前藩の番所を、翌年五月三〇日（文化四年四月二三日）にはエトロフ（択捉島）港ほか各所を襲撃するという「文化露寇《ぶんかろこう》事件」が起こった(7)。このときエトロフの守備についていた箱館奉行所および南部・津軽両藩の兵士約二三〇名が敗

レザノフ一行が長崎奉行遠山景晋と会談するため奉行所西役所脇から上陸する図（「ロシア使節レザノフ来航絵巻」＝東京大学史料編纂所所蔵）

走（幕府側指揮官の戸田又太夫は責任を取って逃走中に自害）したことから、土井利厚の豪語にもかかわらず、日本の軍事力がロシアに太刀打ちできないことが露呈し、幕府の威信が動揺・失墜するとともに、国内は流言飛語が飛び交い騒然とした雰囲気となる。蝦夷地の警備強化のため奉行所を箱館から松前に移した幕府は、前奉行以下の役人たちを大量に処分するとともに、新奉行として先手鉄砲頭の荒尾但馬守成章《しげあきら》を任命した。

　文化露寇事件に引き続き、一八〇八年（文化五年）には、オランダ船に偽装したイギリス軍艦フェートン号が長崎港に侵入するという事件が起こり、その後も外国船の出現が各地で相次ぐようになる。

　徳川幕府は、発足当初の一六一五年（元和元年）に、天皇・朝廷を統制するため「禁中並公家諸法度」を公布した。その第一条で「天子諸芸能之事、第一御学問也」と規定して、天皇が現実政治にコミットしない（できない）ように定め、さらに第一六条において「紫衣の寺住持職、先規希有の事也」として、朝廷がみだりに僧侶に紫衣（高僧のみに許された紫色の袈裟）を授けることを禁ずることにより、もともとは朝廷の官職のひとつに過ぎなかった征夷大将軍が、天皇よりも上に立つことを宣言した。それから二世紀余りの歳月の間、天皇と公家たちは、一周一・五キロにも満たない狭い御所の空間の中で、昔ながらの年中行事（神事）を繰り返し、中世のままの薄日の影のなかに置かれていた。[8] そのような長年の経緯・習慣に基づいて、一七八七年（天明七年）に本居宣長は、天皇と将軍との関係について、天下の政《まつりごと》を行う権限は天皇（朝廷）から将軍（幕府）に委任されたとする「大政委任論」を提唱し、それは広く認められるところとなる。

ところが、この「大政委任」の慣例を逸脱する重大な歴史的事態を引き起こしたのが、先に述べた文化露寇事件であった。公家の広橋伊光《ひろはしこれみつ》の誌した「伊光記」によると、[9] 一八〇七年八月三日（文化四年六月二九日）に、御所の警衛や公家の監察などを任とする幕府側の禁裏付池田政貞《まささだ》が、朝廷側の武家伝奏《てんそう》の広橋伊光のところにやってきて、上司である京都所司代阿部正由《まさよし》から、蝦夷地での騒動についていろいろと噂が流れているので、念のため朝廷（光格天皇）へ情勢を知らせたほうがよいかどうか聞いてこいと言いつけられたと話した。そこで広橋が情勢を知らせてくれと言うと、池田は広橋を介して、用意してあった阿部の書付「蝦夷露西亜船一件」を関白鷹司《たかつかさ》政熙《まさひろ》に差し出した。この報告は、それまでの「大政委任」の枠組みのもとでは、まったく必要のなかったものである。がしかし、これが先例となって、朝廷は幕府に対外情勢の報告を求め、さらに幕府の対外政策に朝廷が介入する根拠を与えた。これ以降朝廷側は、朝幕関係は「大政委任」だけれど、国家存亡にかかわる重大事は別であるとの意識をもつようになる。

その具体的な表れが、アヘン戦争における清国の敗北（一八四二年八月）といった深刻な海外の事態を受けて提出された、一八四六年一〇月一九日（弘化三年八月二九日）の「孝明天皇勅書」である。その勅書の中で天皇は、幕府は厳重な海防態勢をとっているとかねがね聞いているので安心しているが、異国船渡来の情報があまりに頻繁なので心配である。幕府は異国を侮らず畏れず海防をいっそう強化し、「神州の瑕瑾《かきん》（恥辱）」とならないように処置し、「宸襟《しんきん》（天皇の心）を安んずる」ようにせよ、という趣旨のことを記した[10][11]。そして朝廷側は、「文化度の振り合いもこれ有り候につき」として、文化四年の事例をもとに海外情勢の報告を幕府に求めた。

従来の開国史の議論では、徳川氏による幕藩体制の崩壊から天皇を統治権の総攬《そうらん》者とする明治政府樹立への契機を、ペリーの突然の浦賀来航とその高圧的な外交手段に求める傾向が強い。しかしそのような歴史把握で問題となるのは、海外列強諸国の軍事力に恐れを抱いた幕府弱体化の実態と経緯が浮かび上がってこないだけではなく、より重要なことには、それまで政治にコミットしてこなかった天皇・朝廷側が、幕府の対外政策に干渉・介入しはじめる背景がまったく見えてこないことである。先述した歴史的経緯を考えるならば、これら二つの問題点の事実上のきっかけとなった文化露寇事件を、幕末から明治維新に至る開国史の中でエポックメイキングなものとして位置づける必要があるのではないだろうか。

　ペリー来航からはじまる開国史ではなく、それよりも六〇年以上前から開国通商を求めたロシアとの関係（折衝と紛争）を通して、新たな開国史像を探求することは意味あることのように思われる。

　文化露寇事件を機に、幕府は自らの威信維持のため、内外にたいして強硬策を施行していく。そんななか一八一一年（文化八年）に、ロシアの軍艦ディアナ号（注：のちにプチャーチンが乗ってくるディアナ号は新鋭の別の軍艦）の艦長ヴァシリー・ゴロヴニンと部下六名が、千島列島南部の測量中に国後島で松前奉行（箱館奉行を松前に移転して改称）配下の役人に捕縛され、約二年三ヶ月間俘虜となる事件が起こった。松前での抑留中、彼らは自力で帰国するため脱走を試みるも失敗。幕府はゴロヴニンらに日本人通訳へのロシア語教育を求め、ゴロヴニンらは逆に日本人から日本の国内事情について学ぶ。

　ディアナ号副艦長のピョートル・リコルドは、ゴロヴニン救出の交渉材料とするため、翌年、箱館の廻船業者・高田屋嘉兵衛とその配下の水夫を国後島沖で拿捕し、カムチャツカに連行する。嘉兵衛は、日露交渉の間に立ち事件を解決へと導いた。釈放されたゴロヴニンの受け取りに関して、祖法にふれるとして、「ロシア艦の来航を長崎以外に許すわけにはいかぬ」との幕閣の意見にたいして、松前奉行荒尾成章は、「日月星辰は神の創りしものであるが、しかもなおその動きは一定せず、常に変化している。日本では儚なき人間の作った掟を永久不変のものたらしめたいと願っているが、それは笑止で無謀な願いである」[12]と説き伏せ、箱館でのロシア囚人の引き渡しを実現した（一八一三年〔文化一〇年〕）。荒尾はまた、釈放に際してゴロヴニンに、「各国それぞれの習慣があり、大いに異なるといえども、真に正しき事は何れの国を問わず、正しきものと認められる」と述べた。幕末の混沌とした時代にも、優れた見識と胆力をもつ幕吏が北辺の地にいたことは記憶されてよいだろう。

ロシア軍艦ディアナ号の艦長ヴァシリー・ゴロヴニン

ゴロヴニンが帰国後一八一六年に出版した「日本幽囚記」は、たちまちヨーロッパで各国語に翻訳され、一八二五年にはオランダ語版からの抄訳が「遭厄《そうやく》日本紀事」として日本でも出版された。その本の中でゴロヴニンは、中世のヨーロッパ人の日本人観に大きな影響を与えた宣教師の態度を批判して、「われわれは日本人の誠実さを体験する機会もたくさんあったし、（中略）不幸な隣人（自分たち囚人）にたいし彼らが同情していることを確信する機会も多かった。日本人の歓待ぶりは当のカトリック僧たちが充分に味わったものであるにも拘わらず、カトリック僧どもはあとになってこの歓待にたいし飛んでもないお返しをした上に、全世界の前で日本人を中傷したのである」と書いた。そしてさらに、「もしこの人口多く、聡明犀利《さいり》で模倣力があり、忍耐強く仕事好きで、何でもできる国民のうえに、わが国のピョートル大帝ほどの王者が君臨したならば、日本の胎内に隠されている余力と富源をもって、その王者は多年を要せずして、日本を全東洋に君臨する国家たらしめるであろう。（中略）遂にはわが国のピョートル大帝ほどの天才がいなくても、情勢のおもむくところ、あらゆるヨーロッパの発明が日本で使用されるに到るであろう。従ってこの正当で正直な国民をからかうようなことをしてはならぬ、と私は思う」と記した。[13] 彼の公平で透徹したものの見方と、その日本人論の予見性には脱帽せざるを得ない。

一九世紀も半ばになると、ロシア皇帝ニコライ一世は、日本との通商および長年両国間で紛争のもとになっている千島列島と樺太の帰属を早急に定めることの重要性を認識し、海軍中将エフィーミー・プチャーチンを第三回遣日使節に任命した。彼は、アメリカ海軍提督マシュー・ペリーの浦賀来航（一八五三年七月八日（嘉永六年六月三日））に遅れること一ヶ月半の八月二二日に、日本の国法に従って長崎に入港した。ここに日露交渉史は、新たな一歩を踏み出すことになる。

ペリーは幕府にたいし開国と通商を要求する大統領国書を提出し、一年後に再び来航する旨を告げて七月一七日には日本を離れた。その一〇日後、将軍家慶死去。徳川家定に第一三代征夷大将軍宣下の勅使として江戸城に出向いた伝奏三条実万《さねつむ》にたいし、老中阿部伊勢守正弘は、米国国書につ

プチャーチン一行が露使応接掛の筒井政憲や川路聖謨らと長崎奉行所西役所で対話している図（「露国使節プーチヤチン長崎渡来之図」＝早稲田大学図書館所蔵）

いて「叡慮に、かよう遊ばれたくと申す思し召しもあらせられ候わば、御遠慮なく仰せ出され候よう」と伝えた[14]。これは、先の「孝明天皇勅書」当時と比べて、天皇の意向にそって幕府は外国問題に対処するとの表明とも取られかねない、より一歩踏み込んだ重大な発言であった。阿部はさらに各藩主にも意見を訊ねる。

　このような激変する政治状況下で、プチャーチンは幕府から派遣された露使応接掛と交渉を続ける。その結果、あまり知られてはいないけれど、応接掛は「ロシアを最優先もしくは先行国と同一条件で条約を結ぶ」ことをプチャーチンに約束し、その旨を記した書付を日本政府が外国使節に与えた幕末期最初の公文書として彼に手渡した[15]。この書付による約束を得ただけでプチャーチンは長崎を離れる。

ペリーは一年を待たずして琉球を経由して再び浦賀に来航した。一八五四年二月一三日（嘉永七年一月一六日）のことである。日本側応接掛との約一ヶ月にわたる協議の末、三月三一日、日米和親条約が締結された。ここに、三代将軍家光から二〇〇年以上続いた鎖国体制は終焉を迎える。

この条約締結により、日本は先にロシアと交わした約束に違反したことになる。そのため幕府は、なんとかプチャーチンに連絡して釈明しようとし、[16]その連絡をアメリカとオランダに依頼した。しかし、結局プチャーチンの居場所を知ることはできなかった。何故なら、彼はクリミア戦争勃発のため、ロシアとの交戦国であるイギリスとフランスの艦船に見つからないよう、日本近海を逃げ回っていたからである。その結果、ペリーの「成果」を最初に利用したのはイギリスとなり、東インド艦隊司令官ジェイムス・スターリングは長崎で、アメリカと同じ内容の日英和親条約を結ぶことに成功した（一八五四年一〇月一四日）。そして、イギリスに遅れること約四ヶ月の一八五五年二月七日、プチャーチンは乗艦してきたディアナ号の津波による大破・沈没とうちつづく悲運にあいながらも、下田で日露和親条約に調印する。

◇結びに変えて

本稿において、日露関係を手掛かりに、幕末期の開国問題をわたしが学んだ範囲で論じたけれど、改めて痛感させられたのは、日本人の他民族（他国民）にたいする抜き難い蔑視観である。王朝時代から忌事の多い朝廷では、外国人を穢《けが》れあるものと信じてきた。このように自（文明）と他

(野蛮)を分ける世界観は、中国の「華夷秩序」思想に帰せられるようだが、それにより周囲の民族を、方角によって北狄《ほくてき》、南蛮《なんばん》、西戎《せいじゅう》、東夷《とうい》と呼び蔑んだ。外国船の来航が相次ぐなか、孝明天皇は神前で宣命《せんみょう》を読み上げ、「近時相模国御浦《みうら》郡浦賀の沖に夷《えびす》の船の著《つき》ぬれば、その来由を尋るに、交易を乞うとなむ申す、それ交易は、昔より信を通ぜざる国に濫《みだり》に許したまうことは、国体にも拘りぬれば、たやすく許すべきことにもあらず」として、通商を拒否し異国船の撃退を神に祈った[17]。

この蔑視観(攘夷思想)は、国家レベルに限らず日常的な意識においても広く日本人の間で共有されていたものであり、それが欧米諸国との双務的な外交関係樹立を困難にした主要な理由でもあった。その最初の具体的な表れが、文化露寇事件の契機となった、ロシア使節レザノフへ非礼な対応をもって退去を求めたときの「鎖国祖法論」である。このように考えるとき、司馬江漢や荒尾成章のような偏見にとらわれない人物がいたことは、わたしにとってひとつの救いでもあったといえる。

参考文献

(1)平岡雅英:「日露交渉史話」(筑摩書房、一九四四年)。
(2)平川新:「歴史にみるロシアと日本の出会い―日本の漂流民とロシアの対応―」(東北アジア研究　第二号、一九九頁、一九九八年)。

（３）真鍋重忠：「日露関係史　１６９７—１８７５」（吉川弘文館、七四頁、一九七八年）。
（４）中村新太郎：「日本人とロシア人　物語日露人物往来史」（大月書店、九八頁、一九七八年）。
（５）真鍋重忠：前掲書、一一八頁。
（６）中村新太郎：前掲書、一一七頁。
（７）ロシア軍の暴挙を聞いた皇帝アレクサンドル一世は、一八〇八年、全軍に撤収命令を下し、フヴォストフは処罰された。
（８）安丸良夫：「近代天皇像の形成」（岩波書店、四四頁、一九九二年）。
（９）藤田覚：「幕末の天皇」（講談社選書メチエ、一二三頁、一九九四年）。
（10）藤田覚：前掲書、一四七頁。
（11）大佛次郎：「天皇の世紀（一）」（朝日新聞社、二七三頁、一九六九年）。
（12）ゴロヴニン（井上満訳）：「日本幽囚記（中）」（岩波文庫、一二六頁、一九四三年）。
（13）ゴロヴニン（井上満訳）：「日本幽囚記（下）」（岩波文庫、三七頁、一九四六年）。
（14）藤田覚：前掲書、一五八頁。
（15）勝海舟：「開国起原　魯国使節渡来」（「勝海舟全集　第一五巻」〔講談社、一九七三年〕所収、二四八頁）。
（16）勝海舟：前掲書、二五四頁。
（17）藤田覚：前掲書、一五〇頁。

幕末期におけるわが国への船台式ドックの導入

第一章　はじめに

よく知られているように、弁財船に代表される和船は、船底が平らな航《かわら》または敷《しき》からなるため陸に引き揚げることができるけれど、ヴァイキング船に源流をもつ洋船の船底には、竜骨（キール）があるため浅瀬に乗り上げると横転してしまう（**図1**参照）。この船底形状の違いは、両者の造船法にも大きな違いをもたらす。和船は、海岸または川岸の傾斜地をつき固めた上で建造し、進水の際にはそれを徐々に海（川）に引き下ろす。一方、洋船の建造には、船台式ドックか乾ドック（まれに浮船式ドック）と呼ばれる造船所を必要とする。

一六〇〇年四月（慶長五年三月）に、オランダ商船リーフデ号で九州豊後の臼杵湾《うすきわん》（現大分県臼杵市）に漂着したイギリス人航海士のウィリアム・アダムス（三浦按針）は、徳川家康の要請をうけて、わが国ではじめての洋式帆船サン・ブエナ・ベントゥーラ号を伊豆の伊東で建造した。この洋式帆船の建造に関しては、三浦茂正《しげまさ》（法名浄心）によって書かれた随筆「慶長見聞集《けんもんしゅう》　巻之九」の「伊豆の国伊東という浜辺の在所に川あり、是こそ唐船作るべき地形なりとて、其浜の砂の上に柱をしき、台として其上に舟の敷を置き、半作の比《ころ》より砂を掘上、敷台《しきだい》の柱を少しつゝ下げ、堀の中に舟を置き、此舟海中へ浮かべる時に至て河尻をせきとめ、其河水を舟のある堀へ流し、入水の力をもて海中へおし出す、……」という記述をもとにした、「砂ドック」と称する非現実的な造船法が提唱されている[1]。しかもそれは、NHKの「歴史秘話ヒストリア」という番組で放映すらされている[2]。がしかし、その造船法の正確なところは残念ながらわかっていない。また、慶長年間に仙台藩主伊達政宗の命により牡鹿《おしか》郡月浦（現宮城県石巻市）で造られたガレオン船であるサン・ファン・バウティスタ号については、石井謙治の先駆的な研究[3]があるものの、そこには造船法についての考察はない。

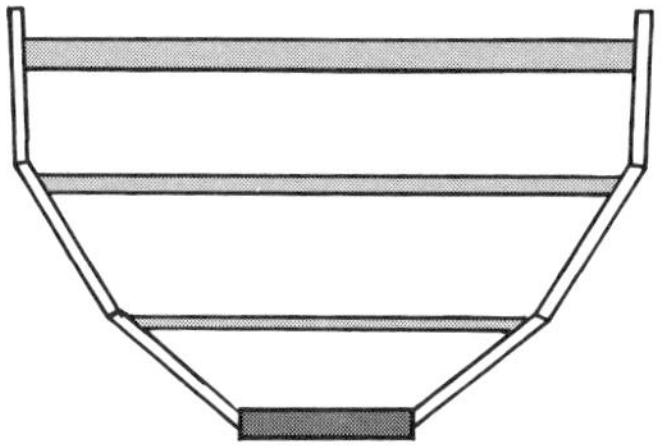

棚板構造（弁財船）

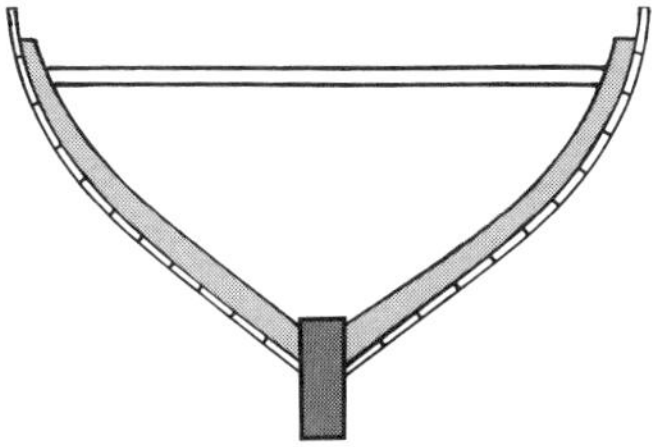

竜骨構造（ヴァイキング船）

図1　和船と洋船の船体構造の違い

幕末になって諸外国からの圧力に屈した幕府が、安政の改革の一環として一八五三年（嘉永六年）に「大船建造禁止令」を解除すると、幕府とともに開明派諸大名はただちに洋式軍艦の製作に着手した。そのとき水戸藩が江戸の石川島で造った旭日《あさひ》丸は、進水作業中に横倒しに頓挫したため[4]、江戸町民から「厄介丸」と揶揄されたそうである。この海難事故などは、当時の洋式船建造に関与していた武士（蘭学者を含む）や技術者（船大工）たちが、和船と洋船の構造上の違いに無理解・無頓着だった典型例だろう。

幕府や開明派諸大名の動きとは独立して、日露和親条約締結のため来日したプチャーチン提督配下のロシア人の監督・指導により、一八五五年（安政二年）に静岡県沼津市戸田《へだ》（旧戸田村）でスクーナー形洋式帆船ヘダ号が建造されている。そのヘダ号建造の際に、わが国にはじめて導入された船台式ドックについて考察するのが本稿の目的である。「舟艇技報」の拙稿[5]で指摘したように、ヘダ号の建造に伴う船台式ドックの構築については、ロシア人の主導する設計図作成現場に参席していた唯一の日本人技術者（船大工）である石原藤蔵の書付[5]に、その進水方法については、ロシア人技術士官アレクサンドル・コロコリツェフの論文[6]に記述されており、そしてさらに、進水式の様子を描いた朝暾斎《ちょうとんさい》の筆になる絵図[7]も残されている。以下では、これらの文献資料と絵図を手掛かりに、船台式ドックの構築を第二章に、進水方法を第三章に分けて、より具体的・図解的に検討してみたい。

第二章　ヘダ号建造用の船台式ドック

戸田湾内の険しい岬により村から隔離された牛ヶ原の入江が、造船所を新設する適地として選ばれた。その場所にあった二つの古い木造納屋は解体され、造船所を構築するスペースを確保するため、山側の一部を削ったようであるが[6]、その土木工事についての記述は石原藤蔵の書付にはない。

図2　牛ヶ原造船所の推測図（Google 画像転用）：船台、木工（絵図）小屋、鍛冶小屋、蒸し風呂小屋、御詰所、そして当時の山側崖際（点線）と海岸線（実線）。

ヘダ号建造時の造船御用掛を務めた太田亀三郎が書いた「露西亜船製造木品書上控」（戸田造船郷土資料博物館所蔵）によれば、牛ヶ原の造船現場には、原寸大の絵図面をもとに資材を加工することができる広さを備えた絵図（木工）小屋と鍛冶小屋が建てられたことがわかる。それ以外にも、御詰所のような簡易小屋が二棟と、板材を外板用に折り曲げるための蒸し風呂（温室）小屋があったらしい。これらの資料をもとに描いた、牛ヶ原造船所の推測図を**図2**として示す[8]。ヘダ号建造当時の山側崖際と海岸線は点線と実線で描いた。この図からわかるように、造船所敷地はかなり手狭のため、常に一〇〇名以上の日露両国の監督・役人や職人たちで、作業現場は混雑を極めていたと想像される。村からこの作業現場へは、狭い岬の山道を越えて行くしかなかった。

藤蔵の書付は、「知行《ちぎょう》」の言葉ではじまっている。[5]「知行」とは、広辞苑によれば土地を支配することを意味し、ここでは船台を建設するための土木工事を意味したのだろう。それは次のように記述されている。「一尺（三〇センチ）につき六分（一・八センチ）の下がりをもち、全長一三間二尺（二四・二メートル）、横幅六間（一〇・九メートル）、坪数七一坪の土地を突き固める」

続いて書付には、船台式ドックの建設方法が記述されている。判読困難な文字もあり、解釈の定まらないところがないわけではないが、その概略は以下のようになる。「傾斜した土台の上に、長さ二丈五尺（七・六メートル）の一尺（三〇センチ）角材一五本を横並びに置き、それら角材の間には小石砂を入れてよく搗く。一五本の角材のうち中ほど一三本に、厚さ七寸（二一センチ）、幅一尺六寸（四八センチ）の座板を打ち付ける。それぞれの座板の上に、上底二尺（六一センチ）、下底四尺（一二一センチ）、高さ三尺（九一センチ）、厚さ八寸（二四センチ）の台形をした駒木を設置する」。そして、造船工程は次のような記述からはじまる。「そのように準備した駒木の上に、全長六丈二尺五寸（一八・九メートル）、高さ一尺四寸二分（四三センチ）、厚さ八寸四分（二五センチ）の竜骨（キール）を据え置く」

以上の藤蔵の記述から、船台式ドック構築の様子は以下のようだったと推測される。

先ずは、全長二四・一メートルで横幅一〇・九メートル、六％下がり勾配の傾斜地を、その下端が海に面し、満潮時でも水面より高くなるように造成する。その傾斜地に一五本の角材をどのような間隔で配置したかの記述はないが、一三本の角材に打ち付けた木板を、駒木を据え置くための座板として使い、その駒木で全長一八・九メートルの竜骨を支えたようである。

実は「駒木」が何を指すのかはっきりとしない。記述の前後関係および内容から判断して、ここでは、それは「盤木」（船を建造する際に船底の諸所に入れて船体を支え、進水時に取り外す太い木材）のことを意味していると解釈した。その形状が台形をしていることから、藤蔵はそれを将棋の駒になぞらえて「駒木」と呼んだのではないだろうか。

そのように考えれば、全長一八・九メートルの竜骨を支えるには、一三本の角材（従って一三個の駒木）を、一・五二メートル（五尺）の等間隔（一・五二メートル×一二＝一八・二メートル）に配置するのが理に適っているように思われる。残り二本の角材は、角材間に敷き詰めた小石砂留めとして傾斜地の上端（山側）と下端（海際）に使われ、海際に配された角材は進水の際に滑り台を支持するためにも利用されたのだろう。

前記の解釈をもとに、以下で船台式ドックの建設と造船工程を図解する。

⑴ 六％勾配を有する傾斜した土台を海際に造成し、そこに一五本の長さ七・六メートルの枕木を並べる。そして枕木の間には小石砂を詰める。**図3**はそのようにして出来上がった船台を

模式的に描いたものである（小石砂は省略）。

⑵ 上下両端を除く中ほど一三本の枕木に、厚さ二一センチ、幅四八センチの座板を打ち付ける。そして、座板の上に一三個の駒木（盤木）を設置し、その上に長さ一八・九メートルの竜骨を据え置く。

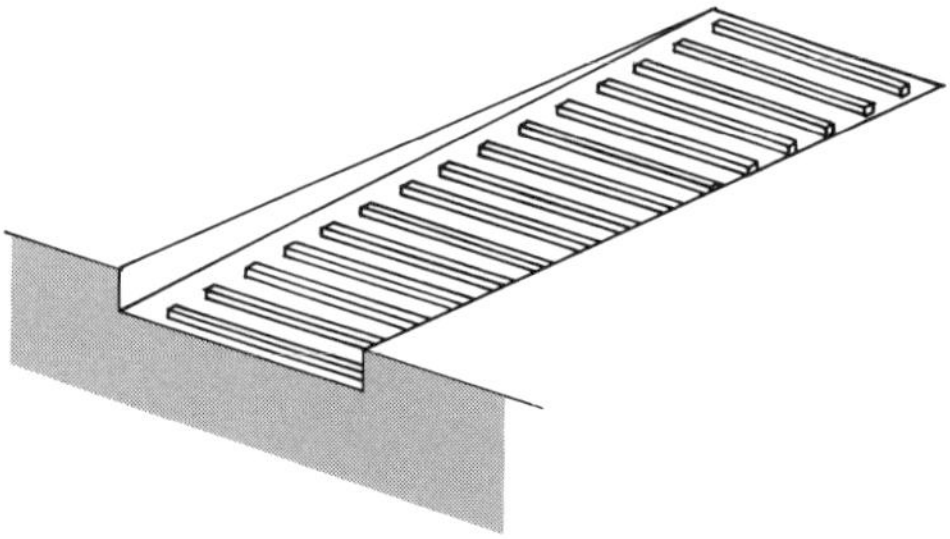

図3　海際に造成された６％勾配をもつ船台の模式図

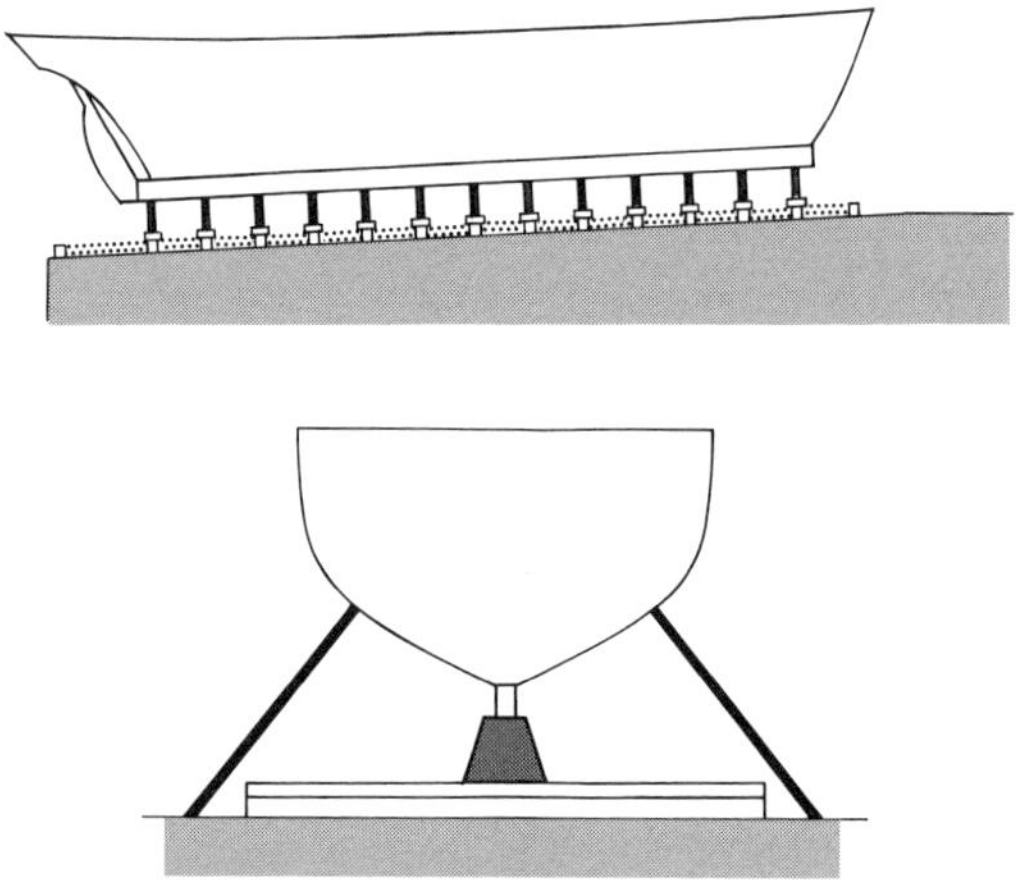

図4　船体を組み上げた船台の（上）側面図と（下）断面図

(3)隣接する絵図(木工)小屋で、ロシア人技術士官の作図した原寸大図面をもとに、肋骨(フレーム)や舳《へさき》(船首)、艫《とも》(船尾)などを製作し、船体が横転しないように地面から丸太などの支柱で支えながら、それら部材を竜骨の左右そして前後に組み上げていく。そして、左右の肋骨の間に梁(根太、根田)を渡す。海水と接する部分の固定金具は銅製とし、それ以外は鉄製である。船体を組み上げた船台を模式的に示すと、**図4**(上:側面図、下:断面図)のようになる。

(4)肋骨の周囲に、蒸し風呂小屋で折り曲げた外板を張る。その際、水漏れ防止のため外板の隙間には油紙を挿入し、さらに木製のタールを塗布する。手で叩き伸ばして作られた銅板で、喫水線下の船体を覆う。そして最後に、梁の上に甲板を張って進水式を迎える。

第三章　ヘダ号の進水方法

コロコリツェフの論文「日本におけるスクーナー『ヘダ』の建造」から、ヘダ号の進水の部分を抜き書きすると以下のようである。[6]

「スクーナーの建造が終わりに近づくに従って、我々がどの様にして進水させるのかということが、日本人にとって益々関心の的となって来た。(中略)彼等は船の滑り台(船を乗せる橇《そり》)を準備し、進水用の二列の角材からなる地上の土台と長さ三〇フィート（九・二メートル）の岸辺の架台を作製した。この架台は、進水用の土台を水深一二フィート（三・七メートル）の所迄延長させるために役立ったに違いない」

「最高潮位になるや否や、最初の命令が下された。我々は支柱を叩いて外し始めたが、日本人たちは恐怖と疑惑の念にとらわれて、スクーナーから一層遠くへ引き下がっていた。この後で繋止索《けいしさく》を切断し、長い梃子《てこ》を軽く動かすと、スクーナーは先ず始めは静かに、次いで徐々に早く、乗員の一斉の万歳の下で船台上を滑り下りると、水上でゆったりと揺れ始めた」

ヘダ号の進水式の様子を描いた、朝暾斎の絵図を**図5**として示す。この絵図は「静岡県史 別編三 図説静岡県史」から滑り台の部分を転載したものであるが、ほとんど同じような絵図は、（公財）東洋文庫と広島県立歴史博物館でも観ることができる。この図からわかるように、ヘダ号はプチャーチンを含む多くのロシア人と日本人が見守るなか、船尾から進水している。ただ、ヘダ号の総長は船体上で二四・六メートルあったので、それよりかなり縮小して描かれており、この図が実際の進水現場をそのまま写しとったものではないことに注意を要するかもしれない。

コロコリツェフの記述と進水式の絵図を参考にして、以下で滑り台の構築と進水工程について検討する。滑り台の構築⑴〜⑶については**図6**を、進水工程⑷〜⑹については**図7**を参照の

図5　「ヘダ号進水式図」＝「静岡県史 別編三 図説静岡県史」掲載、森藤吉郎氏所蔵

こと。

(1)船台の上に二列の木製レールを準備する。コロコリツェフの論文には、木製レールのサイズもその間隔も記されていない。ここでは、それらの長さや大きさは次のように求めた。進水時の船体の重量は、そのサイズから概算して六〇～七〇トン位と見積もられる。それだけの重量を支えるため、木製レールとして、幅七六センチ（二尺五寸）、厚さ三〇センチ（一尺）の二本の角材を、中心間距離を四・五メートル（一丈五尺）離して座板の上に二列に敷設する。木製レールの下端を海際に配された角材まで伸ばすと、その全長は二一・八メートル（七丈二尺）となる。滑り台がレールを外れないように、木製レールの外側には防護板（ガードレール）を取り付ける。

(2)前記の木製レールの上に滑り台を準備する。滑り台の作り方は、先ず、木製レールの上に、全長二一・二メートル（七丈）、幅七六センチ（二尺五寸）、厚さ二〇

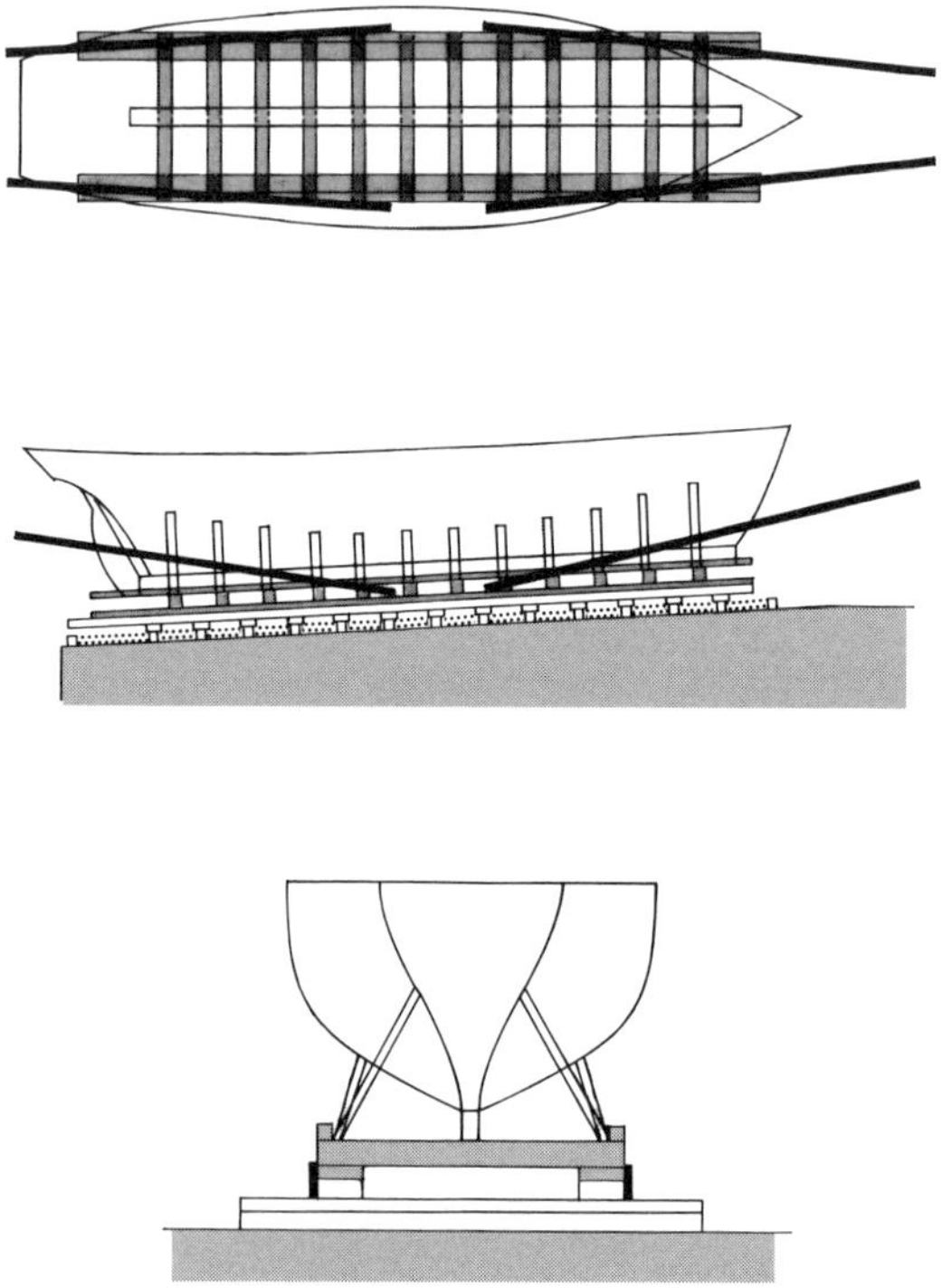

図6　木組み支持台と橇からなる滑り台の模式図（上:平面図、中：側面図、下：断面図）

センチ（七寸）の木板二枚の橇を据え置く。次に、竜骨を支えている駒木の間を通り抜けるように、竜骨の下を潜って、長さ五・二メートル（一丈七尺）の四〇センチ（一尺三寸）角材を二つの橇の間に差し渡す。滑り台としての一体性を確保するため、そのように挿入した一二本の角材の両端上に、長さが二一・二メートル（七丈）でサイズが三〇センチ（一尺）ほどの角材を打ち付けて全体をひとつに繋《つな》ぐ。

⑶ 船体の横転を防ぐため、⑵の四〇センチ角材の両端と左右の船底の間に二四本の角材（二一センチ〔七寸〕位）を支持棒として挿入する。次いで、前方に長さ一四・二メートル（四丈七尺）、後方に長さ一二・一メートル（四丈）の細めの角材（九センチ〔三寸〕位）を、船体の左右に二本ずつ用意し、それら角材の一方の端を橇に固定し、他方の端を綱でしっかりと繋ぐ。そして、それら細めの角材に支持棒を固定する。さらに、船体の幅（約六・五メートル）より少し長めの丸太三本を使って船体と滑り台を綱で縛り付ける。最後に、橇が勝手に滑り出さないように、山側に立てた木柱に太めの綱で繋ぎ止める。

　このようにして船台の上に出来上がった滑り台（木組み支持台＋橇）を模式的に描くと**図6**のようになる。

⑷ 船台の海側に長さ九・二メートルの架台を増設し、水深三・七メートルの海底まで伸ばす。船台と架台の関係を側面側から見ると**図7**のようになる。

⑸ 進水式は満潮時に行う。先ず、竜骨下の駒木を順次取り外し、船体を支持台の一二本の四〇センチ角材の上に直接のせる。次に、

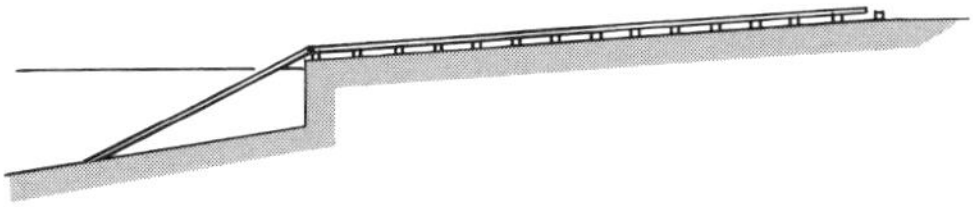

図7　満潮時における側面側から見た船台と架台

船体が横転しないように地面から支えていた丸太を撤去し、最後に、橇を木柱に繋ぎ止めていた綱（繋止索）を切断する。滑りが悪いときには、橇と木製レールとの間に潤滑油（牛脂や亀の油など）[9]をさす。

(6) 進水後すみやかに、船体を縛り付けていた木組み支持台の綱を切り、船体を海面上に解き放つ。

第四章　考　察

船を使って人や物をのせて水上を渡航するという移動方法は、水辺に住む世界のどの民族も等しくもっていただろう。四方を海に囲まれた日本の造船の歴史は古く、日本書紀に「応神天皇の五年（西暦二七四年）冬十月伊豆国より貢として船を造り上らしめた。その船は長さ十丈、試みに海に浮かべたところ、軽くて早きこと馳せるようであったから、この船を枯野《からの》と名づけた」と誌されている[10]。そして江戸時代になると、物流量の増大につれて廻船業が発達し、弁財船（千石船）のような大型商船が多く造られるようになった。そのような和船の建造は、海岸または川岸の傾斜地をつき固め、輪木《りんぎ》と呼ばれる木材を埋め込んだ土台の上で行っていた。その限りでは、ここで述べた洋式帆船ヘダ号の場合の船台式ドックと大差はない。船台式ドックは極めて自然な造船方法で、洋の東西を問わず人類が船を造りはじめた古代から採用されていたといえるだろう。ただ和船の場合は、その扁平な船底構造のために、レールや橇といった工夫をこらす必要はなく、水際まで敷き並べた木板の上のコロを利用し、人々が綱を曳きながら徐々に進水させた。一方、ヨーロッパにおいて竜骨構造をもつ船が造られるようになると、船台式ドックはコロを使った単純なものから滑り台を利用したものへと改造されていった。

今回図解した滑り台**（図6）**で特徴的なところは、船体を取り囲むようにつくられた支持台である。それは進水式図**（図5）**をもとにしており、船体横の支持棒を束ねる前後に延びた角材とそれらの先端を繋ぐ綱、さらに船体を滑り台に縛り付けている綱と船体上の丸太などからなる。このような支持台と橇からなる滑り台は、正直わたしには「過剰設備」の感がぬぐえない。船台式ドックによる進水式をはじめて見た絵師が、その滑り台から強烈なインパクトを受けたため、多少誇張して描いているのかもしれない。しかしたとえそうだとしても、過剰とすら思われるこのような滑り台を、日本の船大工が実際に準備したのだろうと考えている。何故なら、ロシア人の監督・指導があったとはいえ、彼らにはヘダ号が進水途中で横倒しになるのではないかという恐れがあったはずだからである。[11] 船底が平らな和船の進水式を見慣れてきた日本人にとって、竜骨をもつ洋船はそれほど進水させるには不安定な船だったに違いない。[12] であれば、日本の造船技術者が洋船の船台式進水に慣れるにつれて、この過剰設備的な滑り台——特に木組みの支持台——は、徐々に必要最小限なものにまで簡素化され、今日のようなレールと台車のみからなるシンプルなものに移行していったのだろう。

ヨーロッパにおける初期（一六〇〇年代）の船台式ドックの絵図にも、図6のように船体を取り囲むような木組みの支持台をもつ滑り台を使った進水式を見かけない。[13]「ヘダ号進水式図」に描かれた木組み支持台について工学的に注目される点は、支持棒を束ねるため前後に延びた角材の一端が橇の外側に固定されていることである。そのため下手をすると、進水直後に船体を滑り台から分離するのをむつかしくしてしまう。しかし実際には問題はなかったようなので、そのような心配は杞憂だったといえる。それは何故だろうか。おそらく、角材の他端が綱で強く縛られているため、細くて長い角材の弾性に伴う復元力が発揮され、その綱を切れば角材はただちに左右に反発して開かれたのではないだろうか。しかもうまいことに、その反発に連れて、角材に取り付けられていた支持棒も船体から引き離される。従って、丸太三本と滑り台を縛り付けていた綱を切れば、船体は完全にフリーになり、無事海面上に解き放たれただろう。この推論が正しければ、なかなか面白い工夫である。和船の進水に馴染んでいた日本の船大工の考案になると思われるこのような滑り台は、工学的に興味深いだけでなく、わが国が先進的西洋技術を受容する過程で考え出された、造船（進水）技術上の工夫のひとつとして注目されてよいのではないだろうか。

労働問題の研究者である山本潔は、幕末のヘダ号の建造を手掛かりにして、わが国における近代造船技術形成の初期条件を議論している。[14] この研究は、洋式船建造に伴う造船所の構築を考察したものとして貴重であるばかりではなく、傾聴に値する議論も多い。その論文の中で、船台式ドックによるヘダ号の進水の様子を**図8**のように推定している。

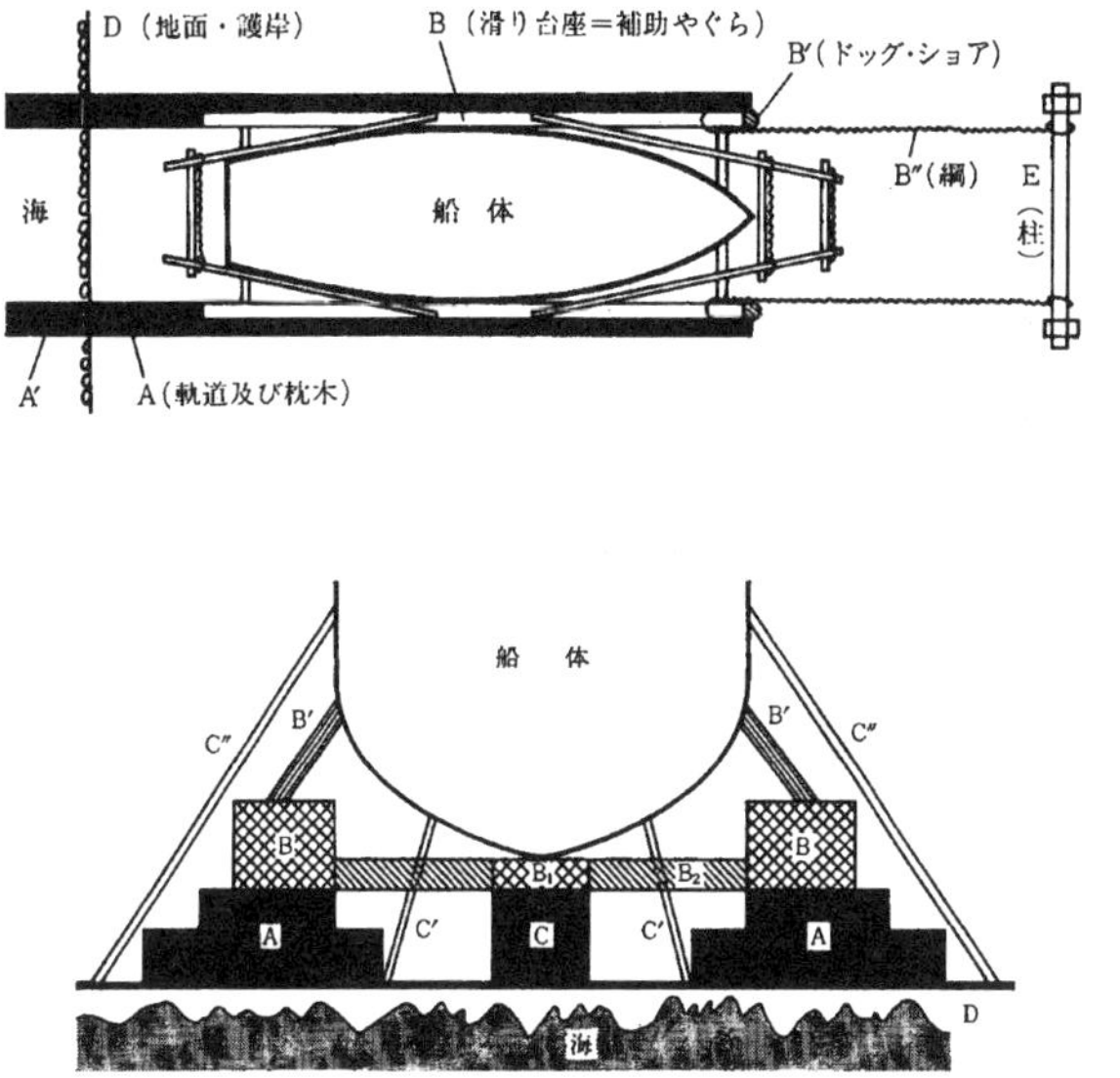

図8　文献14において推定された船台式ドック（上：平面図、下：断面図）

山本の**図8**と今回の**図6**は大枠においてよく似ている。もちろん詳細に見ていくと違いはあるが、それはもっぱら彼の推論が「ヘダ号進水式図」のみに依拠したことによる。例えば**図8**では、船体の横幅に比して木製レールの間隔がずいぶんと広い。そのために、この**図8**では「補助やぐらB」だけでは船体の重量を支えられないかもしれないと

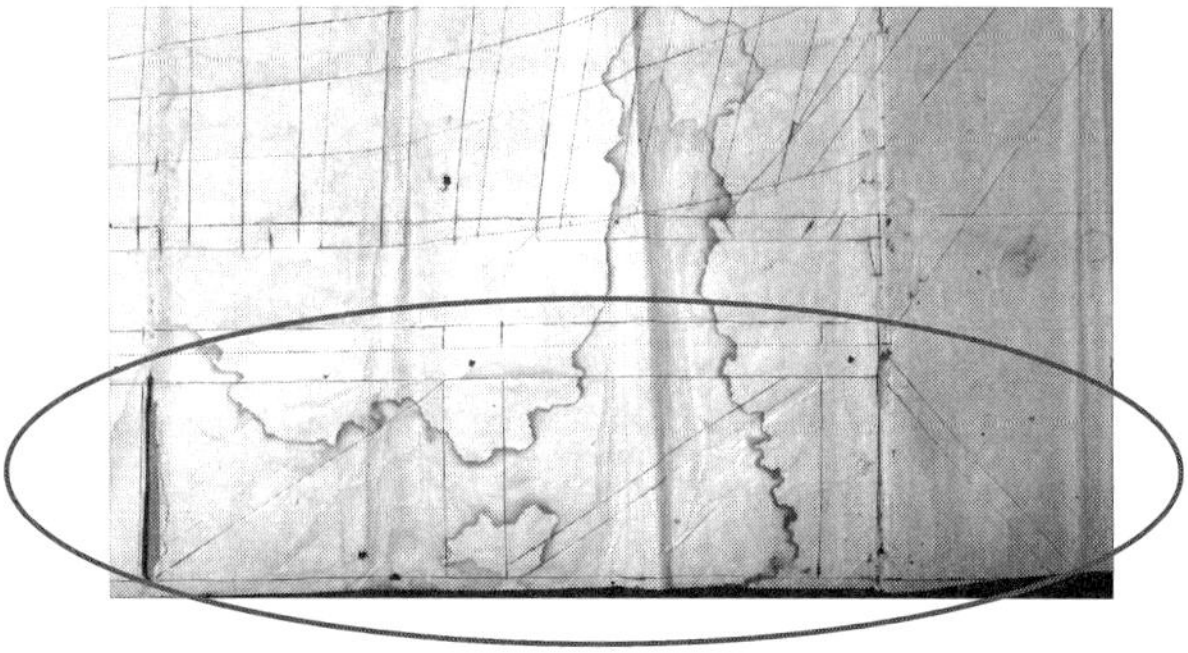

図9　新しく見つかった藤蔵の側面図の船首側下部：竜骨下の木組みの構造物を楕円で囲む。

して、「固定台C」が導入されている。しかし今回の藤蔵の書付に従って描いた**図6**の船台式ドックでは、一二本の四〇センチ角材で船体が支えられることになるので、そのような固定台は必要としない。それでも心配な場合は、今回の滑り台の間隔を狭くして、五・二メートルある支持角材の長さをより短くすれば、角材に作用する曲げモーメントを軽減することができる。なによりも、このように固定台Cを新たに加えて木製レールを三列にすれば、荷重問題は解消できるかもしれないが、木製レールは二列だったとのコロコリツェフの記述の前提が崩れてしまう。

藤蔵の書付とコロコリツェフの論文には、船体を取り囲むような木組みの支持台を橇に取り付けたとの記述はない。その存在はもっぱら「ヘダ号進水式図」による。最近の調査により、藤蔵の描いたと思われる船体の側面図（一〇分の一の縮小図）が新たに一枚見つかった[5]。その船首側下部の拡大図を**図9**として示す。注目すべきは、船底にある竜骨の下に木組みの構造物の図面が描かれていることである。一見する限り、この構造物は「ヘダ号進水式図」に描かれているような船体を取り囲む支持台ではない。しかしそれが竜骨下に描かれている点を勘案すると、進水に関係する何かの図面である可能性を排除できない（付記参照）。今後の詳しい調査・研究が待たれる。

図7からわかるように、船台にたいし架台は同じ勾配で滑らかに繋がっているのではなく、かなりの急角度で海底に達している。従って、ヘダ号の進水に際して、船体の重心が木製レールの下端に達したとき、船尾は架台の上にはなく、その一部がようやく海面下に没しただけで、十分な浮力は確保できなかったと推測される。そのため、重心が下端を通過した直後は、船首部は少なからず木製レールから浮き上がったのではないだろうか。この図から想像する限り、せっかく用意した長さ九・二メートルの架台は、進水に際してあまり有効に働いたとは思われない。

第五章　まとめ

第一章で述べたように、竜骨を備えた船舶を建造するには、船台式ドックか乾ドックをもつ造船所を必要とする。陸上で船を造る船台式ドックは、造船作業は容易だが、傾斜した台を滑らせて船を海や川に浮かべなくてはならず、進水作業には常に困難がつきまとう。一方、岸壁の一部を船が収容できるほど大きく掘り下げて造った乾ドックでは、造船作業はむつかしい局面が多いものの、水域との境の障壁を開けて水を導入すれば船を水面に浮かべられるので、進水作業は容易である。後者が大型船舶の建造にむいているといわれる所以である。がしかし、第二次世界大戦中に超弩級戦艦大和が呉の海軍工廠の乾ドックで建造されたのにたいし、長崎の三菱造船所の船台式ドックで建造された姉妹艦武蔵のような例もある[15]。

文献5で強調したように、戸田牛ヶ原でのヘダ号の完成は、造船技術の習得にとどまらず、近代的な西洋式の船台式ドックがわが国へ導入される端緒でもあった。それは、日露両国の協力により建設された日本産業史上極めてまれな土木遺産であるとともに、後に続く長州萩の恵美須《えびす》ヶ鼻《はな》造船所などに大きな影響を与えた、革新的な産業遺産でもあった。従って、牛ヶ原造船所の詳細を考察することは、日本への洋式ドック導入の技術的・工学的側面を明らかにする上で、大きな意味があるだろう。特に「ヘダ号進水式図」に描かれている船体を取り囲む木組み支持台は、船台式進水方式として特異なものであり、ヘダ号に限った独特なものだった可能性が高い。それは、和船の進水式に慣れていた船大工たちが、失敗が許されないとの強いプレッシャーのもとに考えだした設備だったように思われる。ヘダ号の進水が成功裡に実施された経験を踏まえ、その後継船として戸田で建造された君沢形六隻の場合には、よりシンプルで実際的な支持台が工夫・準備されたのではないだろうか。その資料が残されていないのが惜しまれる。

洋式船建造に伴う造船所構築の重要性は、従来、海事史研究者の間で十分認識されていなかったきらいがある。そのような研究は意外と少ない[16]。今後、江戸時代初期に洋式帆船サン・ブエナ・ベントゥーラ号やサン・ファン・バウティスタ号を建造した造船所についても、研究がすすむことを期待したい。これらの場合、造船が本職ではない、船乗りや探検家といった外国人の指導により洋式船が造られている。従ってその作業現場では、多くの日本の造船職人や土木職人により、わが国固有の伝統的な技術や技法が採用された可能性が極めて高い。このことは、わが国における海事技術史の研究課題として、取り組み甲斐のある分野がまだ存在することを示唆しているように思われる。

〔付記〕　幕府がヘダ号を模範的な洋式船として推奨した結果、仙台藩でも海防強化のため同形の船を建造することになり、一八五五年（安政二年）末に藩士の小野寺鳳谷《ほうこく》と気仙沼の船大工太七を実地見学のため戸田村に派遣した。そして三浦乾也《けんや》を総棟梁として招き、翌々年（一八五七年）八月に寒風沢島《さぶさわじま》（現宮城県塩竈市）でトップスルスクーナー形の帆走軍艦開成丸（全長一一丈〔三三・三メートル〕、幅二丈五尺〔七・六メートル〕、高さ一丈九尺二寸〔五・八メートル〕、大砲一二門装備）が進水する（荒井聡：「洋式帆船開成丸について」〔仙台市博物館調査研究報告　第一四号、九二頁、一九九四年〕）。この開成丸の進水式の様子を描いた「寒風沢島造艦碑他図」（次頁）が残されており、その図から明らかなように、開成丸は船台式ドックで建造されたことがわかる。

「寒風沢島造艦碑他図」の開成丸船体部分を拡大して見ると、船台には木製レールが敷設されてお

開成丸が進水する様子とその船体部分の拡大図（「寒風沢島造艦碑他図」＝東京国立博物館所蔵）：この絵の原画は開成丸の建造に立ち会った小野寺鳳谷の作とされており、ここに掲載したのは、明治中期の画家・石井重賢（鼎湖）の写し（1893年制作）である。なお、明治から昭和はじめに活躍した絵師・熊耳耕年による同じような写しが、「開成丸下海図」として仙台市博物館に所蔵されている（下図）。ただし二人の作品には多少の違いがあり、重賢の写しには船体の上に綱で支持台に縛り付けたと思われる丸太が描かれていないが、耕年の写しにはそれがある。

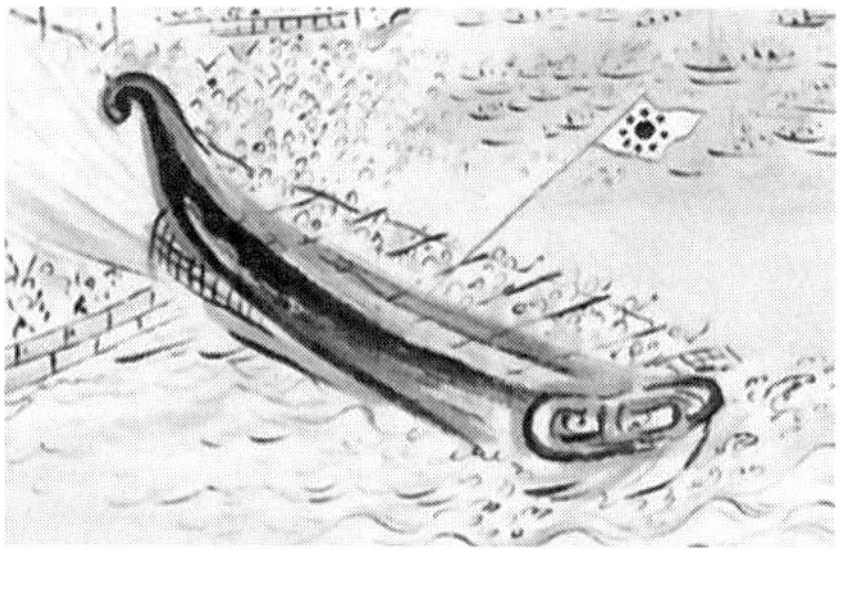

仙台市博物館所蔵「開成丸下海図」の船体部分の拡大図

り、船尾から進水する船体の下には木組みの支持台（滑り台）が描かれている。しかしこの支持台には、船体横の支持棒を束ねる前後に延びた角材は見当たらず、明らかにヘダ号の場合に比べて簡素化されている。そして興味深いことに、まだ水面下に没していない船首側下にある木組み構造物（支持台）が、**図9**のそれに似てないこともない。

参考文献

（1）牧野正：「青い目のサムライ 三浦按針」（黒船出版部、三七頁、一九八〇年）。
（2）歴史秘話ヒストリア「家康 大航海時代に出会う！ イギリスの侍 按針の大冒険」（NHK、二〇一八年四月一八日放映）。
（3）石井謙治：「伊達政宗の遣欧使節船の船型などについて」（海事史研究　第八号、一三八頁、一九六七年）。
（4）安達裕之：「獅子滾丸 ―旭日丸拾遺―」（海事史研究　第五七号、二一頁、二〇〇〇年）。
（5）伊藤稔：「日本近代造船の礎　洋式帆船ヘダ号の設計図を復元する」（舟艇技報　第一三八～一四〇号、二〇一九年）。＝本書収録
（6）北澤法隆：「日本におけるスクーナー『ヘダ』建造のロシア側関係史料」（海事史研究　第五一号、五三頁、一九九四年）。
（7）文献5で指摘したように、「ヘダ号の進水式」の絵図は数枚あるけれど、この論文に関係する「滑り台」の描き方に大きな違いはない。
（8）文献5で述べたように、石原藤蔵のヘダ号に関する書付は二冊ある。そのうち書付（二）の「知行」を記した一頁目の下半分が破り取られている。その破り取られたところに、牛ヶ原造船所の見取り図が描かれ

ていたとの話があるが、その真偽を確かめるすべはない。

(9) 戸田村文化財専門委員会・同小委員会：「ヘダ号の建造―幕末における―」（戸田村教育委員会、一一九頁、一九七九年）。

(10) 静岡県伊豆市松ヶ瀬の狩野《かの》川沿いにある軽野《かるの》神社は、その造船所跡とも船材を樹《た》てる山口祭斎行の場所とも伝えられている。

(11) 江戸の石川島で洋式船旭日丸の進水作業に難渋していた水戸藩は、進水方法や造船技術を習得するため、藩士や船大工など二十余名を戸田村に派遣している。従って戸田の船大工たちは、そのような外部（幕府や水戸藩など）からの注目を浴びつつ進水式を成功させなければならなかったはずで、彼らが受けていたプレッシャーは想像以上だったのではないだろうか。

(12) **図5**の進水式図において、日本の船大工たちは船台から遠く身を引いており、進水途上のヘダ号の上には快哉を叫ぶロシア人しか描かれていない。

(13) 寶田直之助：「船の進水は船首からか船尾からか」（海事技術史研究会誌　第一八号、一一九頁、二〇一七年）。

(14) 山本潔：「『ヘダ号』の建造（1854・55年）（二）―近代造船技術形成の初期条件―」（社会科学研究 第四三巻 第六号、一二二頁、一九九二年）。

(15) 戦艦武蔵の進水時の重量は三万五七三七トンあった。そのため進水直後に発生した高潮により、長崎港に面した人家には床上浸水などの被害が出たそうである（松本喜太郎著、戸高一成編：「戦艦大和　設計と建造（増補決定版）」（ダイヤモンド社、二二七頁、二〇〇六年））。

(16) 平山次清：「幕末建造洋式帆船『ヘダ』―我が国初の滑り進水―」（海事技術史研究会誌　第二〇号、一六頁、二〇一九年）。

わが国における近代的洋式船建造術の受容に関する一考察

第一章　はじめに

日本文化の特質は、外来的なものと在来的（土着的）なものとが深いところで絡んでいて、それら二つの要素がどちらも抜き難いところにある、と指摘したのは加藤周一である[1]。そのような「雑種文化」の典型例として、われわれが日常的に使っている日本語がある。日本語の雑種性は、その文字が中国から伝来した漢字と、わが国で漢字を借用して創作された平仮名（ひらがな）とカタカナからなり、その読みが中国語の発音が変化した音読みと日本語固有の訓読みとからなることからも容易に理解できるだろう。とはいえ、外来的なものと在来的なものとが、まったく異質であるかあるいは同等なレベルにあってはじめて、雑種性は生み出されるのではないだろうか。どちらかが圧倒的に優位な場合には、淘汰か排除しか起こらないように思われる。

水辺に住む世界のどの民族も、人や物をのせて水上を渡航するのに船という共通の移動手段を開発・利用した。丸太をくり抜いた丸木船からはじまり、やがて組立船と呼ばれる大きな船へと移行していく。時代とともに組立船には様々な改良が加えられ、その地域の自然環境（ときには社会環境）に適した形に発展していった。一本マストで横帆が特徴的な千石船（弁財船）に代表される日本の和船は、航《かわら》と称する平らな船底材の両側に、根棚・中棚・上棚といった棚板をとりつけて船体を構成しており、これなどは日本の豊富な森林資源を背景に成立した造船術だったといえるだろう。[2] 一方、北欧のスカンジナビア半島に住む人々は、北大西洋の荒波に抗して群島間を行き来できる竜骨（キール）を備えたヴァイキング船を開発する。[3] この竜骨船に改良を加えたガレオン船に代表される大型航洋船のお陰で、ヨーロッパ諸国は一五世紀半ば以降世界中を植民地化していった。

本稿の目的は、そのような洋式航洋船を目の当たりにした、内航用の和船に馴染んでいた日本の造船関係者が、洋式船をどのように受容しようとしたかについて、日本文化の特質である雑種性の視点から考えてみることにある。この問題を扱うに当たって、一八五五年（安政二年）に静岡県沼津市戸田《へだ》（旧戸田村）で建造されたスクーナー形洋式帆船ヘダ号とその後継船（君沢形《きみさわがた》、箱館形、韮山形《にらやまがた》）を取り上げることにしたい。何故なら、スクーナー式帆装は、わが国への洋式船の導入過程において重要な役割を演じたからである。

第二章　ヘダ号建造時の洋式造船術の受容

幕末になって諸外国からの圧力に屈した幕府が、一八五三年（嘉永六年）一〇月に、それまで海外との交流を物理的に困難にしていた「大船建造禁止令」を解除すると、幕府自ら中島三郎助に命じて浦賀で鳳凰丸、薩摩藩は田原直助により桜島で昇平丸、水戸藩は鱸《すずき》半兵衛により江戸石川島で旭日《あさひ》丸といった洋式船の建造に着手した[4]。

彼ら造船責任者は、造船蘭書によって洋式造船術を研究してこれらの船を完成させているが、出来上がった船にたいして勝海舟は、「製船の基礎たる竜骨をもたず、外面装飾はいたずらに空しく洋法に擬するといえども、船質は脆弱《ぜいじゃく》で実用に適せず[5]」と酷評した。しかし鳳凰丸が竜骨を備えた船であったと示唆する史料を発掘した南波松太郎らは、この勝の評価は不適切であると異をとなえている[6]。和船しか知らなかった日本の造船関係者が、蘭書を頼りに曲がりなりにも洋式船を造り上げた努力は評価されるべきだし、また、出来上がった船が脆弱であったとの同時代人の指摘には素直に耳を傾けるべきだろう。善くも悪くも、このような正負両面を併せもつ状況は、はじめて出合った異文化（今の場合は異なる造船術）を受け入れ取り込もうとしたときには、よく起こることではないのだろうか。

日露和親条約締結のため来日したプチャーチン提督の乗船してきた帆走軍艦ディアナ号が、伊豆下田で地震に伴う津波により大破・沈没するというアクシデントに見舞われたため、前記の幕府などの動きとは別に、伊豆半島西海岸にある戸田浦の牛ヶ原で洋式帆船ヘダ号が建造された。この建造を幕府が許可した背景には、竜骨構造をもつ洋式船の建造技術を習得したいとの思惑があった。

ヘダ号を設計する際にロシア人技術士官らは、たまたまディアナ号にあったロシア海軍雑誌「モルスコイ・ズボルニク」に掲載されていた「スクーナー・オープイト、クロンシュタット軍港司令長官閣下用ヨット」と題した論文の設計図を参考にした。[7] スクーナー形帆船（schooner）は、一八世紀末のアメリカで、独立戦争終結後に発展した海運業の必要に応じて数多く造られるようになった二本マスト・縦帆の船で、[8] 操船が容易なため少人数の乗組員で運航できる特徴をそなえていた。「スクーナー」という名称は、船が快走するさまを見物していた人が「Oh, how she scoons!（なんてスキップするように〔軽快に〕走るんだ！）」と叫んだのが由来であるという。ロシア人の指導のもと、戸田はもとより伊豆各地から集められた船大工らの協力により約二ヶ月半で進水式を迎えた。ヘダ号の優秀性に満足した幕府は、ロシア人から造船術を習得した職人たちを使って、同形のスクーナー船を新たに一〇隻（戸田で六隻、石川島で四隻）建造することを決定。これらの船は幕府により、戸田村のある君沢郡《くんたくぐん》に因《ちな》んで「君沢形《きみさわがた》」と名付けられた。

帰国用の代替船建造を許可してくれた日本政府への返礼の意もあって、ロシア側は洋式造船術の伝授にたいし極めて協力的であった。とはいえ、言語だけではなく使う長さや重さの単位の違いもあり、日露間の協力関係は生易しく出来上がったわけではない。ロシア人技師と日本人通訳（オランダ通詞）と船大工の努力により、洋式船の構造や部材、長さの単位フィートなどが和船の対応する名称や尺・寸に変換（もしくは創作）された。造船世話掛として指名された戸田村内の七名の船大工の頭取（責任者）を務めた石原藤蔵は、設計図作成の現場に日本人としてただ一人参席しただけでなく、ロシア人宿舎に通って西洋造船術を研究したらしく、彼の描いた数枚の設計図が戸田に残されている。このことは、日本の船大工の使っていた設計法である「木割術」に慣れていた藤蔵が、ロシア人の作成した設計図を理解し、さらに自らそれを作図する能力をもっていた証でもある[9]。

実際の造船現場に駐在していた幕府役人は、すべての物のロシア名称を挿絵付きで記録したし、職人たちは手帳をもって彼らが携わったすべてのことを書き込んでいたそうである。そして、ロシア人技師の作図した原寸大図面をもとに、日本とロシアの職人が協力して竜骨や肋骨などを工作し組み上げていった。そのような作業の中でロシア人が特に関心を示した大工道具に、日本人が使っていた墨壺がある。ロシア人は三人一組となって、二人が糸を引き合い、一人が所々に点付けした後に六尺位の定規（六尺棒）で墨をひいたのにたいし、日本の船大工はひとりで墨壺と曲尺《かねじゃく》を使って墨付け作業を行った。ロシア人は墨壺を欲しがったそうである。またヘダ号には、日本側の提案で和式の六挺櫓《ろ》が装備された。この六挺櫓は、ロシアへの帰国途上において敵艦の追尾を振り切って逃げるときに役立ったらしく、櫂《かい》（オール）しか知らなかったロシア人は、その優秀性に感銘を受けたとの記録が残されている。

和式の櫓や当時の世界でおそらく最も効率的で正確なものと思われる墨壺を、ロシア人は自国へ持ち帰ったはずだが、その後ヨーロッパで利用され普及した形跡はない。それまで不可能だったことが可能になるといったよほどのことがない限り、人々が自ら身につけた伝統的な技法に拘《こだわ》るというのは、洋の東西を問わず変わらないのかもしれない。このことは、文化の「雑種性」ではなく「独立性（保守性）」の一面を表しているともいえる。

戸田村で君沢形船六隻の建造を終えた造船世話掛（船大工）のうち、石原藤蔵、堤藤吉、佐山太郎兵衛、渡辺金右衛門の四名は、幕府の君沢形船一〇隻建造計画達成のため、幕命により江戸石川島での残り四隻の建造に従事した。さらに海軍創設を急いでいた幕府は、西洋式の造船術や操縦法をオランダから学ぶため長崎に海軍伝習所を新設し、その一期生として、洋船建造の経験がある造船世話掛の上田寅吉と鈴木七助を派遣した。彼ら二人は、各地から徴集された藩士や船大工たちに、自分らのヘダ号建造の経験を語り聞かせたことだろう。また石川島での作業を終えた堤藤吉は、引き続いて長州藩と田原藩に乞われて、それぞれの地で君沢形の丙辰丸と順応丸（**図1**）の建造を指導した。彼の指導になる長州萩の恵美須《えびす》ケ鼻《はな》造船所の見取り図を見ると、船台式ドックに隣接して、ヘダ号の場合と同形の敷地に細長い絵図

図1　木板に描かれた君沢形順応丸＝田原市博物館所蔵：ヘダ号を建造した造船世話掛の一人である堤藤吉を総棟梁として、1857年（安政4年）10月に田原藩波瀬村海岸で竣工。全長25.20m、幅6.18m、大砲一門装備。航行範囲は、江戸、長崎、大坂、伊勢、蝦夷地であったとのこと。1863年（文久3年）廃船。

小屋が建てられている。これなどは、ヘダ号建造の経験が伝えられた技術移転の好例ではないだろうか。

このようにして、造船蘭書の研究により手探りではじまったわが国への洋式船建造術の導入に、戸田村での船大工たちの実地体験による知識や技術が付加されていった。

文献9で指摘したように、ヘダ号の建造は「日本近代造船の礎《いしずえ》」であった。その意味するところは、関与した船大工（造船技術者）たちがその後日本各地へ洋式造船術の実際を広めていったことにあり、ヘダ号が幕末の日本で造られた最初の洋式船であったと主張するものではない。優れた和船の造船術があるわが国にとって、幕末のわずか一、二年しか違わない、世界的にはすでに時代遅れとなりつつあった洋式帆船の竣工を巡って、各地（造船地）でプライオリティ（優先権）を主張し合うことに如何ほどの意味があるのだろうか、というのがわたしの率直な意見である。

江戸時代の身分制社会にあって、彼ら戸田の船大工たちが歴史の表舞台で活躍することはなかった。その意味では、幕末から明治にかけて西洋の造船術をわが国に導入する主要な担い手は、蘭学の勉強を通じて先進的な造船術を学んだ（下級）武士層――勝海舟、中島三郎助、小野友五郎、肥田浜五郎、赤松則良《のりよし》、永井尚志《なおゆき》、榎本武揚、小栗忠順《ただまさ》など――であったといってよいだろう。横須賀造船所長や海軍造船会議議長などを歴任した赤松則良は、ヘダ号を建造した船大工の一人である上田寅吉を「日本造船史上の一大恩人」と称えているけれど[10]、彼にとって寅吉は「恩人」でこそあれ「同僚（同士）」ではなかった。

第三章　君沢形船の建造

戸田村で建造された君沢形船六隻（壱番船～六番船）はすべて、一八五六年一月（安政二年一二月）に戸田を出帆し、下田・浦賀を経て無事品川湊にて幕府に引き渡された。これら君沢形船のその後については二説あり、ひとつは、幕府が会津藩と長州藩にそれぞれ二隻ずつ貸与し、残り二隻を幕府用に配したとする説[11]、もうひとつは、壱番船と五番船を箱館奉行に、弐番船を佐渡奉行に引き渡し、三番、四番、六番船は売船したとする説[12]である。わたしは後者の説が正しいのではないかと考えている。何故なら、そのような引き渡しを幕府の御勘定所に報告した、一八五六年八月九日（安政三年七月九日）付けの江川太郎左衛門英敏《ひでとし》の「君沢形御船引渡候御届書」が（公財）江川文庫に残されているからであり、さらに、後述する「函館市史」の記述とも一致するからである。

江川文庫所蔵の資料によれば[12]、売船と決まった三隻のうち、三番船は試し乗りのとき大風雨にあって浦賀へ避難し、四番船も破損。また、箱館と江戸石川島へ戸田製のチャン（木タール）四樽を送付するのに使われたとの話が残されている。破損した君沢形船の修復は、当時薩摩藩から幕府に献上されていた昇平丸とともに完了したらしい。これ以降、昇平丸は長崎海軍伝習所への伝習生派遣など、主として練習船として使用されたが、君沢形船についての記録は残されていない。(13) また勝海舟の「海軍歴史」には、小笠原島開拓のため「君沢形一番、六番御船へ御軍艦組のもの乗組ませ、小笠原島へ差し遣はされ候間、御船御修復出来の上、御船造掛より請け取り、早々相廻し候様、取計らはるべく候こと」との老中から軍艦奉行への通達を、外国奉行大久保忠寛《ただひろ》に連絡したとの記述がある。(14)

一方、文献15によれば、幕命により石川島での君沢形船四隻の建造に従事した戸田村出身の者には、先に挙げた造船世話掛の四名以外にも、久次郎と信吉という名前の船大工二名がいたことがわかる。しかし、これら石川島製の君沢形船のその後についても、ほとんど不明のままである。そのうちの一隻（八番船）については、一旦長崎に預けられ、オランダから学んだ技術で造った蒸気機関を搭載して江戸に送致された後、先登丸と命名されたとの説が提唱されている。(16)(17) 先登丸はスクリューを装備したスクーナー形蒸気船だったらしいけれど、幕末期の日本における帆船から蒸気船への移行経過は紆余曲折しており、(18) この推論には他の史料等の裏付けが必要だろう。

造船協会が一九一一年（明治四四年）に編纂した「日本近世造船史」には、戸田村で建造された七隻（ヘダ号を含む）と石川島で建造された四隻の君沢形スクーナー帆船は、明治維新前にすべて幕府から除籍されたとの記載がある。(19)

幕府が模範的な洋式船として自ら建造した君沢形船一〇隻のその後に関する史料が乏しいのは、

正直意外な感がぬぐえない。その理由としてふたつのことが考えられるだろう。ひとつには、君沢形の船はあくまで運送船であって軍船ではなかったということ。そのため、記録に残るような表立った活躍はしなかったのだろう。ふたつには、それが建造された時代が帆船から蒸気船への急速な移行期であったため、帆船そのものにたいする関心が薄れつつあったということ。そのため、幕府と諸藩による蒸気船の建造競争の中で忘れ去られてしまったのだろう。そして木造船の宿命のようなもので、長くても一〇年から一五年もすれば朽ち果ててしまう。

幕府が建造した一一隻以外のスクーナー船（トップスルスクーナーを含む）には、田原藩の順応丸、長州藩の丙辰丸、徳島藩の通済丸、加賀藩の有明丸、仙台藩の開成丸、そして箱館奉行所の箱館丸と亀田丸などがある。ここでは、箱館丸と亀田丸の造船経緯について少し詳しく見ていくことにする。

幕末期の箱館は、長崎や下田とともに、海外との交流という点で特別な地位を占めていた。一八世紀末になると、シベリア東端・オホーツク海まで領土を拡張したロシアの船舶が、北海道（蝦夷地）周辺に出没するようになる（一七九二年（寛政四年）、ロシア使節ラクスマン来航）。そのため、日本の北辺防備の必要性を痛感した幕府は、一八〇二年（享和二年）に蝦夷奉行所（同年に箱館奉行所と改称）を箱館に設置した。さらにアメリカやロシアと和親条約を結ぶに至って、一八五五年（安政二年）に箱館を避難港として開港し、その四年後には、アメリカ、イギリス、ロシア、オランダ、フランスの五ヶ国との貿易がはじまった。

そのように対外関係が緊迫・進展するなかで、竹内保徳《やすのり》と堀利熙《としひろ》の両箱館奉行は、入港中の外国船を模倣して奉行所備船を一隻新造することにし、船匠の続豊治《つづきとよじ》に命じて作業に当たらせた。[20]彼は先ず和洋折衷の短艇を試作し、次いで幕府が差し向けた戸田村製の君沢形二隻を参考にして、一八五七年に箱館丸、一八五九年に亀田丸を完成した。[21]これら箱館の新造船は、二本マスト・縦帆ながら前部マスト最上部に横帆も備えているトップスルスクーナーであったため、単なるスクーナーである君沢形と区別して、ときに「箱館形」と呼ばれることがある。

韮山代官江川英敏が、戸田村製の君沢形船六隻を品川において幕府に引き渡したことは先に述べたけれど、彼は石川島での君沢形船四隻の完成を見届けると、その造船に参加していた船大工たちの経験や知識をもとに、幕府の許可を得て、独自の小型スクーナー形帆船六隻を同所石川島（と下田）で建造した。君沢形船の残木で造られたというこれらの船は「韮山形」と呼称されることになる。

「韮山形スクーネル船組方諸色之書付[22]」によれば、その船は二本マストで、サイズ的には君沢形の約半分の、長さ六間（一〇・九メートル）、幅八尺五寸（二・六メートル）、深さ四尺八寸（一・五メートル）あり、櫂や櫓とともに火薬庫を装備していたようである。江川文庫所蔵の他の資料からは、韮山形建造の目的が、江戸湾に侵入してくる外国船を迎撃するため、英敏の父英龍《ひでたつ》（坦庵《たんなん》）が品川沖に築造した六基のお台場に配備することにあったことがわかる。さらに、六隻の韮山形の建造総費用が一二〇〇両だったこと、大坂表へ廻した一隻（韮山形七番御船）は、長さ一〇間（一八・二メートル）、幅二間半（四・五メートル）、深さ八尺（二・四メートル）の大型で、大砲を備えていたことがうかがえる。操船の稽古は、長崎海軍伝習所の練習艦としてオランダから幕府に贈呈された観光丸で行ったようである。

図2　明治時代に撮影された松城造船所＝戸田造船郷土資料博物館所蔵

ついでながら記しておくと、江川坦庵は生前、蒸気船を開発・建造することを計画しており、[23] 一八五三年（嘉永六年）に、幕府を介して開明派として知られた薩摩藩に人材派遣を要請したり、関係蘭書翻訳のため津山藩医で洋学者の箕《み》作《つくり》阮《げん》甫《ぽ》の雇用を申請したりしている。さらに、江戸川筋に蒸気船建造場所として二〇〇〇坪の用地すら求めていた。彼の過労による急逝が惜しまれる。

戸田村のその後についても触れておく。牛ヶ原造船所はヘダ号と壱番船、四番船を竣工させると廃止されてしまう。対岸の沢海《たくみ》に増設された二ヶ所の造船所で残り四隻の君沢形が完成した。一八九四年（明治二七年）に、この地の字《あざ》鬼川にあった松城《まつしろ》造船所で伊豆浦丸二隻が建造されたという記録がある。[24] この造船責任者は、ヘダ号建造時の造船世話掛であった佐山太郎兵衛の甥の佐山芳太郎で、彼は大阪鉄工所（日立造船）の造船主任を経て、自ら大阪難波島に造船所を創設し、その後戸田村に戻って造船御用掛を務めた松城兵作の娘・八重と結婚した。明治時代に撮影された松城造船所の写真が、戸田造船郷土資料博物館に残されており、それを**図2**として示す。この写真には竜骨と肋骨を備えた建造中の二隻の船が写っており、撮影時期から考えて伊豆浦丸の可能性が高い。であれば、船首の形状がヘダ号と同じスプーン型をしていて、船大工らの身長との比較により船の深さ（高さ）が四メートル近くあることから、伊豆浦丸は君沢形を踏襲したものであったと考えてよいだろう。

沢海の地では現在も、船台式ドックを備えた儀三丸造船所と戸田造船所が操業しており、ヘダ号と君沢形を建造した伝統を引き継いでいる。

第四章　和洋折衷船（合いの子船）の普及

幕末に洋式船が導入されてしばらくすると、造船術の和洋折衷化（雑種化）がはじまる。[2] 幕府は一八六一年（文久元年）に、農民や町人にも洋式船の所有を許し、一八七〇年（明治三年）になると明治政府は、西洋化（「文明開化」）政策の一環として、商船規則を公布して船舶の西洋化を図った。しかし実際に普及したのは、洋式船ではなく和洋折衷型の商船だった。明治二〇年代には、船体に肋骨を入れて補強したり、和式の舵を洋式に変えたりした和洋折衷船が登場。このような商船の折衷化の波は漁船にまで押し寄せ、折衷型漁船まで出現した。そのような和洋折衷船はときに「合いの子船」と呼ばれた。

折衷化はいろいろな工夫のもと実現されたようだが、当然ながら和船の脆弱性――船体の棚板構造や水密甲板の欠如、吊り下げ式の巨大な舵など――を改善することに主眼が置かれた。さらに、操船性能を向上させるため、逆風帆走性能のよいスクーナー式の縦帆が広く用いられるようになる。和船の脆弱性の改善以外にも、折衷船が普及した背景には、①洋式船の建造費用に比べて廉価である、②洋式船の操帆の煩雑さにともなう運航費を軽減できる、といった経済的理由もあった。

しかし、日本国内の貨物輸送を担った内航船の主役として活躍した和洋折衷船は、船舶用内燃機関（ガソリン機関、ディーゼル機関、焼玉機関など）の発達にともない、昭和初期になると機帆船（もしくは汽〔機〕船）に取って代わられていく。この移行過程において、それまで船舶用動力源の主役を務めていた外燃機関のひとつである蒸気機関は、ボイラーなどの付帯設備が大きい上に、エネルギー効率が悪く、対重量比出力が低いことなどから、これら内燃機関との競合に敗れた。

以下において、和洋折衷船（合いの子船）の図や写真を幾つかの文献から紹介しよう。

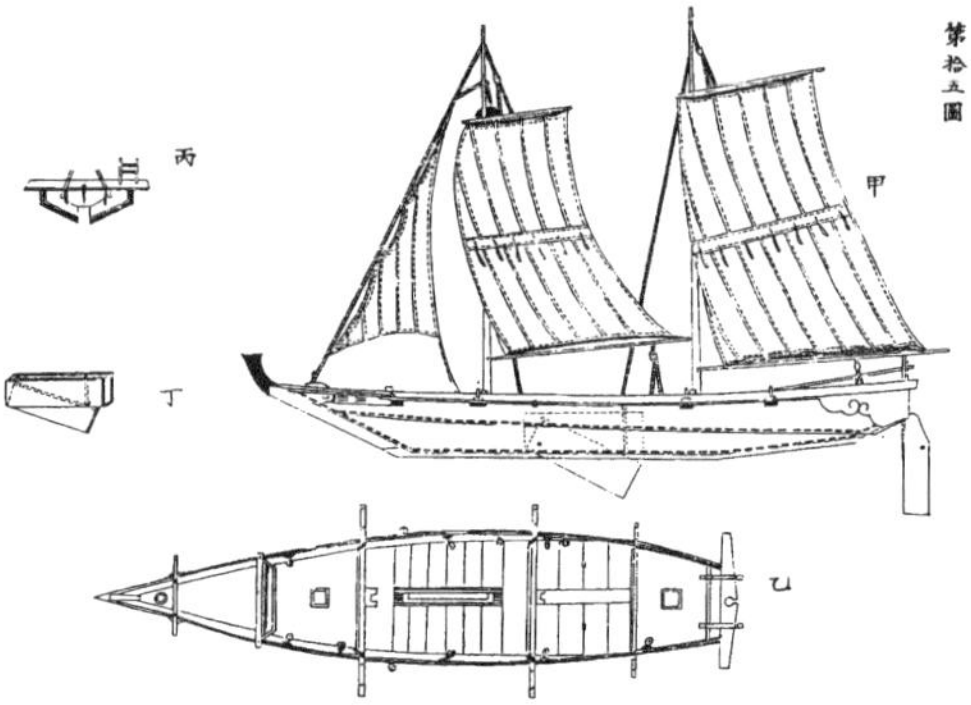

図3　二本マストで三角帆を装備した和洋折衷船

図4　中国および九州地方で使われた二本マストの合いの子船

明治になって、漁業の盛んな静岡県では、沿岸漁船からカツオ漁船に改造したものはあっても、将来的には遠洋へ出漁する必要があるだろうからと、それに適する船として、北海道で使われていた「川崎船」（サケ・マス・タラなどの沖合漁業用の大型漁船）を基本としつつ、カツオ漁船とアメリカ漁船とを折衷した船を建造することを推奨していた。そのモデル船が一八九四年（明治二七年）に編纂された「静岡県水産誌」に載っている**図3**である。[25] 二本マストで三角帆を備えているが、和式の船首尾材からなり、船体の主要部分は棚板構造をしている。**図4**は、「日本近世造船史」に第一二五図として載っている、やはり明治時代に中国地方や九州地方で使用されていた合いの子船の例である。この合いの子船は、二本マストながら網代帆《あじろほ》を装備している。図5と図6は、文献2から転載した、帆走性能のよいスクーナー式縦帆を装備した折衷船である（図5は小型の例、図6は大型の例）。大型船と小型船で折衷化の度合いに差があったようで、大型船の場合は、船首尾に洋式の補助帆を追加する程度のわずかな洋式技術の摂取で済ませることが多く、小型船の場合は、帆柱を二本にしてスクーナー式の縦帆に変え、舵も洋式化するなど洋式技術の摂取は顕著だった。図5の小型船の船首は、君沢形のスプーン型と違って、ダブルカーブド型を採用している。

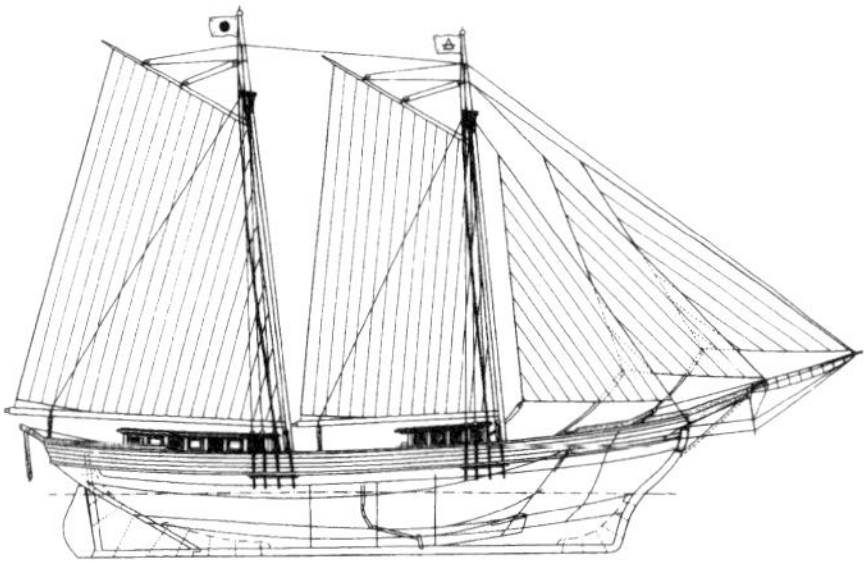

図5　スクーナー擬《もど》きの和洋折衷小型船

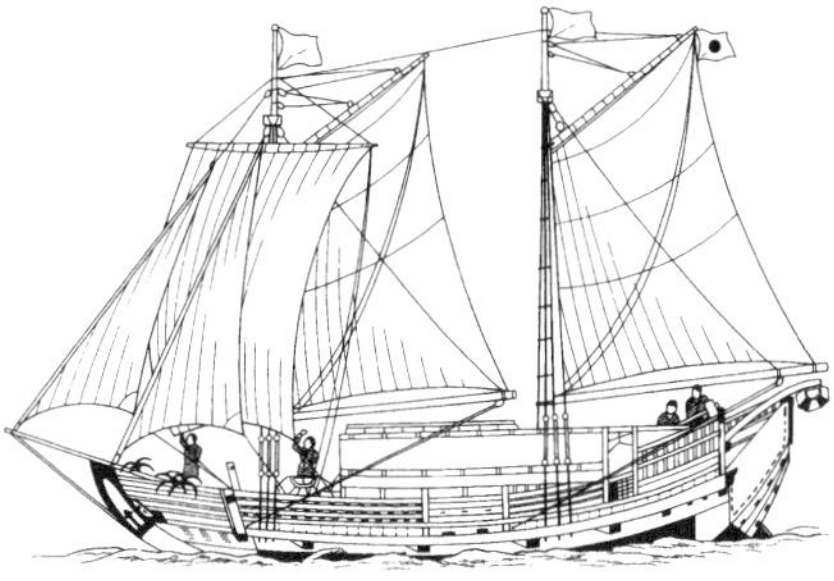

図6　スクーナー式の帆装を装備した和洋折衷大型船

次に、明治後半から大正時代にかけて普及した洋式船や和洋折衷船の実際を、沼津市に残されている当時の写真や神社に奉納された船絵馬などから見ていくことにする。

図7は、沼津で廻船業を営んでいた「丸京」が所有して

図7　狩野川河口の喜久丸

図8　江浦の風景写真

いた喜久《きく》丸を狩野《かの》川河口で写したものである。[26] 一見すると、西洋式のスクーナー形帆船のように見える。しかし、船首の形状がダブルカーブド型であるところなどは**図5**と酷似している。文献26は喜久丸を戸田の松城造船所で造られた君沢形であると推測しているけれど、船体構造に関する資料（設計図など）を調べてみないことには、外見だけでははっきりとしたことはわからない。

図8は、大正時代と思われる江浦《えのうら》湾の多比《たび》から松ノ先を撮影した風景写真（沼津市明治史料館所蔵）である。対岸の金桜山を背景にして二本マストのスクーナー形らしき船が写っている。しかし、やはりこの写真からだけでは、それが君沢形なのか折衷船なのかを判断するのはむつかしい。

図9　大瀬神社奉納の絵馬（1893年）

図10　大瀬神社奉納の絵馬（1902年）

図11　吾妻神社奉納の絵馬（1895年）

図9と**図10**は西浦・江梨《えなし》の大瀬《おせ》神社、**図11**、**図12**、**図13**はそれぞれ獅子浜の吾妻神社、内浦・重寺《しげでら》の淡島神社、静浦・志下《しげ》の八幡神社に奉納された絵馬で、[27]**図14**は戸田の諸口《もろくち》神社の木彫彩色の奉納画である。

図9と**図10**の大瀬神社は、沼津市西浦の最西端に突き出した砂嘴《さし》（大瀬崎《おせざき》）に鎮座していて、駿河湾北部沿岸の漁民の信仰を集めてきた。**図9**の船絵馬（一八九三年〔明治二六年〕）に描かれているのは、黒煙を上げて激浪の中を航行する洋式機帆船で、絵師は一運斎国秀《いちうんさいくにひで》である。**図10**の絵馬（一九〇二年）は、**図5**と同様に、二本マストで縦帆の和洋折衷船である。清徳丸の旗を掲げてい

る。図11の吾妻神社は、鷲頭《わしず》山が西に向かって駿河湾に大きく突出した丘陵の上に鎮座していて、その絵馬（一八九五年）は、図6と酷似しており、スクーナー式の帆を装備した大型の和洋折衷船である。絵師一運斎国秀の作。図12の淡島神社は、内浦湾と江浦湾の境となっている淡島の山頂に鎮座している。その絵馬（年代不明）は、二本マストの洋式帆船のようで、旗に安全丸とある。図13の八幡神社は、隣接する金刀比羅神社とともに国道四一四号に面している。その絵馬（一九一六年〔大正五年〕）は、二隻並んだ和船がマグロを網で引き上げており、洋船が和船（網船）の曳き船として参加している。右手に富士の裾、左手に大瀬崎が描かれている。図14の諸口神社は、ヘダ

図12　淡島神社奉納の絵馬（年代不明）

図13　八幡神社奉納の絵馬（1916年）

図14　諸口神社奉納の木彫彩色画（1912年）

号が建造された旧戸田村にある砂嘴（御浜岬《みはまみさき》）の先端に鎮座しており、赤い鳥居が海に面して建っていることからもわかるように、周辺の漁民の信仰を集めてきた。奉納されている木彫彩色画（一九一二年）は、スクーナー式の帆装をした和船の親友丸（造船者野田庄吉）で、彫師は堅田鶴吉である。

これらの絵馬や木彫彩色画から判断する限り、明治の後半から大正にかけて沼津近辺で奉納された船は、純粋な和船であるよりも和洋折衷型が優位を占めていたようである（和洋折衷船だからこそ奉納されたのかもしれないが）。

第五章　おわりに

ヘダ号にはじまり君沢形に引き継がれたわが国へのスクーナー形帆船の導入は、和洋折衷船（合いの子船）の開発において重要な役割を果たした。それは主として、スクーナー形が操帆性能のよい船だったことによる。

本稿では、幕末の洋式船の導入から和洋折衷船の普及までを概観したけれど、洋式船の優位性が構造力学や造船工学といった科学的・客観的な根拠をもつ限り、遅かれ早かれ、和船は衰退する運命にあったといえる。その意味では、和洋折衷船の開発は、明治政府の度重なる法改正による船舶西洋化政策のもとで、以前から積み重ねられてきた和船の造船術が自ずと発現したということだろう。外部から新しい技術を受け入れ取り込むときには――特にその初期段階では――、その国の伝統や習慣の束縛を強く受けざるを得ない。何故なら、伝統や習慣は、その地の自然条件（風土）に適しているが故に強い影響力をもつからである。このことはまた、洋船の方が優れているとか和船の方が適しているとかといった形式にこだわらない、日本文化の柔軟な雑種性の一面が表出したとも理解することができる。和洋折衷船（合いの子船）の開発と普及は、わが国における文化（技術）のあり様を考える上で、ひとつのヒントになるのではないか、とわたしは思う。

参考文献

（1）加藤周一：「雑種文化―日本の小さな希望―」（講談社文庫、一九七四年）。
（2）石井謙治（監修）：「日本の船を復元する―古代から近世まで―」（学習研究社、二〇〇二年）。
（3）B・アルムグレン（蔵持不三也訳）：「図説 ヴァイキングの歴史」（原書房、一九九〇年）。
（4）安達裕之：「近代造船の曙―昇平丸・旭日丸・鳳凰丸―」（日本造船学会誌 第八六四号、六六五頁、二〇〇一年）。
（5）勝海舟：「海軍歴史 巻の一」（「勝海舟全集 第八巻」（講談社、一九七三年）所収、四四頁）。
（6）南波松太郎、松本哲、石井謙治：「『鳳凰丸・昌平丸御軍艦諸記事』について」（海事史研究 第九号、一三八頁、一九六七年）。
（7）北澤法隆：「ロシア海軍雑誌に掲載された『スクーナー・ヘダ』のモデル『スクーナー・オープイト』の

建造記事について」（石井謙治編「日本海事史の諸問題　船舶編」〔文献出版、三八九頁、一九九五年〕）。

（8）今井金矢：「スクーナー型帆船」（海事史研究　第五号、六七頁、一九六五年）。

（9）伊藤稔：「日本近代造船の礎　洋式帆船ヘダ号の設計図を復元する」（舟艇技報　第一三八～一四〇号、二〇一九年）。＝本書収録

（10）赤松則良：「欧式海軍創設時代の追憶（下）」（同方会誌　第四八号、八頁、一九一八年）。

（11）戸田村文化財専門委員会・同小委員会：「ヘダ号の建造―幕末における―」（戸田村教育委員会、一九七頁、一九七九年）。

（12）橋本敬之：「ヘダ号建造への江川坦庵（英龍）の寄与と韮山形帆船について（「君沢形船製造御用留」）」（第一回シンポジウム「スクーナー形洋式帆船ヘダ号の再建に向けて」講演資料、沼津市、二〇一六年一〇月）。

（13）しかしながら、学芸員の橋本敬之氏によると、君沢形船に関する未整理・未公開の資料がまだかなり江川文庫には残されているとのこと。それらの早期公表を期待したい。

（14）勝海舟：「海軍歴史　巻の一〇」（「勝海舟全集　第九巻」〔講談社、一九七三年〕所収、一四頁）。

（15）戸羽山瀚編：「江川坦庵全集　下巻　造船資料」（江川坦庵全集刊行会、四九頁、一九五五年）。

（16）杉山謙二郎：「明治の企業家　杉山徳三郎の研究　内輪式蒸気船『先登丸』について―安政末・文久期徳川幕府の造船政策と関連して―」（千葉商大論叢　第四〇巻 第三号、四一頁、二〇〇二年）。

（17）松尾龍之介：「幕末の奇跡〈黒船〉を造ったサムライたち」（弦書房、一五頁、二〇一五年）。

（18）元綱数道：「幕末の蒸気船物語」（成山堂書店、二〇〇四年）。

（19）造船協会編：「日本近世造船史」（弘道館、八八頁、一九一一年）。

（20）白山友正：「名船匠続豊治伝」（海事史研究　第一六号、一三四頁、一九七一年）。

（21）函館市：「函館市史　通説編　第一巻」（函館市、第三編　六五八～六六〇頁、一九八〇年）。

(22) 戸羽山瀚編：前掲書、五〇頁。

(23) 韮山町史編纂委員会編：「韮山町史　第一一巻　通史Ⅱ近世」（韮山町史刊行委員会、五八四頁、一九九六年）。

(24) 逓信省管船局編：「日本船名録」（帝国海事協会、番号一四八六・一四八七、一九〇三年）。明治三六年発行になるこの「船名録」には、網具装置の項目にスクーナーと分類された木造帆船が実に数多く登録されている。しかしながら、そのうちどれだけが竜骨構造をもつ純正の西洋型船で、どれだけが二本マスト・縦帆ながら棚板構造の和洋折衷船であったかは明らかでない。

(25) 静岡県漁業組合取締所編：「静岡県水産誌　巻二」（静岡県漁業組合取締所、一三頁、一八九四年）。

(26) 沼津市戸田造船郷土資料博物館：「戸田海廊伝説　千の波頭をこえて」（沼津市教育委員会文化振興課、九頁、二〇一〇年）。

(27) 沼津市歴史民俗資料館：「企画展　漁村の絵馬」（沼津市歴史民俗資料館、二三～二五頁、二〇〇二年）。

洋式帆船ヘダ号の石原藤蔵資料と
横須賀海軍工廠造船部

幕末一八五五年（安政二年）に、日露和親条約締結のため来日したプチャーチン提督配下のロシア人の指導のもと、沼津市戸田《へだ》（旧戸田村）でスクーナー形洋式帆船ヘダ号が建造されたことは、海事関係者の知るところである。わたしは二〇一八年八月、ヘダ号の設計図を復元する試みを論文にまとめ、それは舟艇協会発行の機関誌「舟艇技報」に連載された[1]。

その調査研究過程でもっとも重要視したのが、戸田造船郷土資料博物館に寄託されている石原藤蔵の書付と設計図だった。彼はヘダ号建造時、戸田村内から選ばれた七人の船大工（造船世話掛）の頭取として、ロシア人の主導する設計図作成の現場に参席していた唯一の日本人技術者である。

明治以降、戸田村を襲った度重なる火災と水害にもかかわらず、藤蔵の書付と設計図が今日まで受け継がれてきたことに頭が下がる。ヘダ号の調査研究を進めるなかで、それら藤蔵資料は、今まで戸田の地で継承されてきたと（暗黙裡に）考えていた。しかし、「舟艇技報」へ投稿する直前になって、参考文献として平岡雅英の「日露交渉史話」を読み、そこに「（石原藤蔵が）作った図面等は、いま横須賀造船所に保存されている[2]」との興味ある記述があるのを見つけた。この記述が正しければ、藤蔵資料は戦前の一時期、戸田を離れていたことになる。

つい最近になって、この記述に関して、藤蔵から数えて五代目に当たる石原重利氏からお話を伺うことができた。その結果、旧海軍が借り出した一連の藤蔵資料を収納した大判封筒が石原家に残されており、それは資料とともに、戸田造船郷土資料博物館に保管されていることがわかった。調べたところ、封筒の表書きは「艤装工場 短舟場／野田陸蔵殿／製図工場 松本造船大尉㊞」となっており、裏面に「海軍」のゴム印と赤ペンで「責任 石原出品十一点在中」と記されていた。ここに書かれた「艤装工場」や「製図工場」といった施設名、「造船大尉」のような階級名、そして押された「海軍」の印影などから、この封筒が横須賀海軍工廠造船部に関係していることが強く示唆される。

横須賀海軍工廠は、ヘダ号建造の一〇年後に当たる一八六五年（慶応元年）に、幕府勘定奉行小栗忠順《ただまさ》の進言に基づき、フランス人技師の指導により開設された「横須賀製鉄所」を前身としており、一八七一年（明治四年）に工部省管轄として「横須賀造船所」と改称され、一九〇三年（明治三六年）には海軍省直属の「横須賀海軍工廠」としてその後の日本の造船界をリードした。その中心となったのが造船部で、船体を建造する船台、艤装を施す艤装岸壁、修

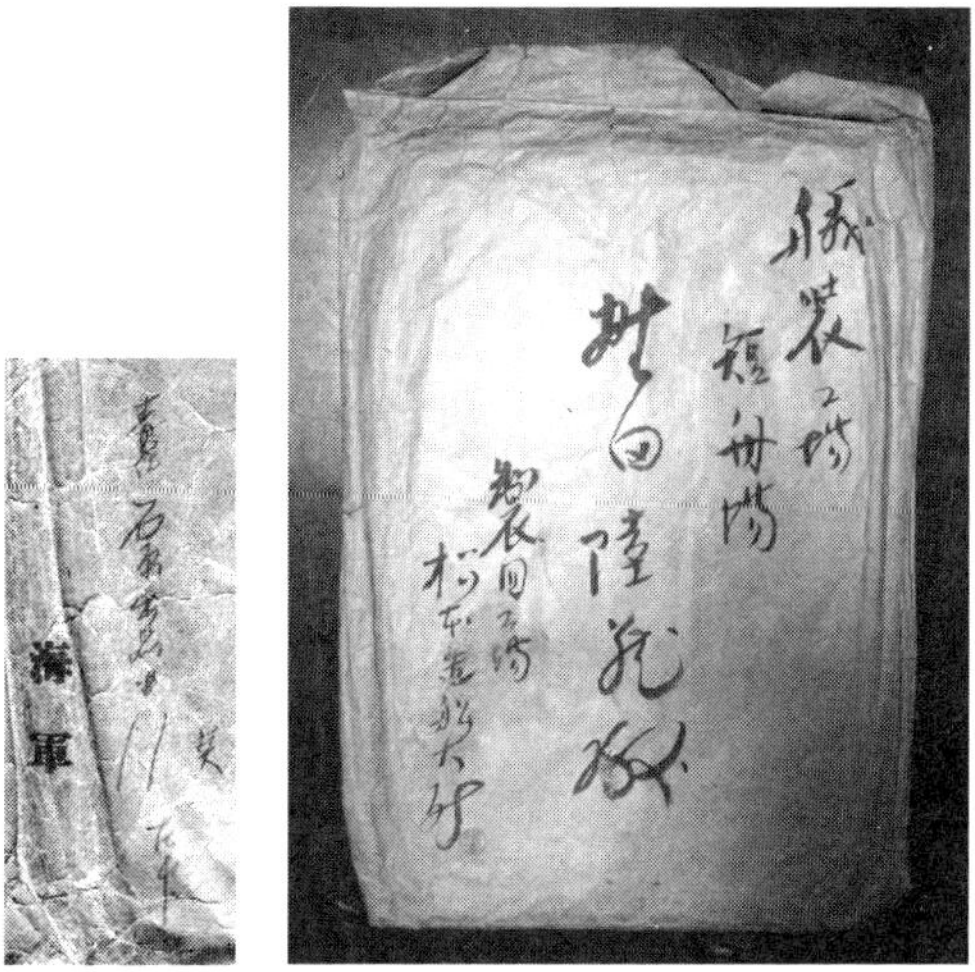

石原藤蔵の資料を収納していた大判封筒（右：表全面、左：裏面の一部）

横須賀海軍工廠造船部製図工場（1927年建設）

理を行う乾船渠《かんせんきょ》（ドライドック）などの諸施設からなり、設計図は製図工場でつくられたようである。

ヘダ号建造に携わった七人の船大工のうち、上田寅吉は横須賀製鉄所の初代主船大工長（職長）として天城をはじめ四隻ほどの軍艦の設計図を引いており、渡辺金右衛門の息子・忠右衛門は横須賀製鉄所を経た後、新設された横浜船渠（ドック）に引き抜かれている。彼らの活躍に影響されて、明治になってから横浜や横須賀の造船所に、戸田やその周辺の若者たちがこぞって造船工として働きに出ており、一時はそれらの地に「戸田町」ができたとすらいわれている。

平岡雅英著「日露交渉史話」は一九四四年（昭和一九年）に筑摩書房から発行されているが、その序文を読むと、原本は一〇年前の一九三四年に「維新前後の日本とロシア」（ナウカ社刊）として上梓されていることがわかる（戦後の一九八二年になって、この本を高く評価した高野明が、解説を付して原書房から覆刻版を出版）。平岡は一九四二年に満州で客死しているので、「日露交渉史話」は一九三四年までに収集された資料・情報をもとに書かれたと考えてよい。

封筒の宛先である「野田陸蔵」は、その名称に官職が付されていないところをみると、軍人組織には属さない人物であったと推察される。石原家の親戚筋に当たる野田家の先代は、名前を「陸郎（陸蔵は誤記か記憶違い）」といい、戦前の横須賀海軍工廠で造船職人として小型船（短艇：カッター）の建造に携わっていたそうである。従って、彼を介して藤蔵資料が戸田と横須賀との間を行き来した可能性が高い（追記参照）。一方「松本造船大尉」については、その官職からある程度の推測ができる。一九三七年版の海軍省「現役海軍士官名簿」に該当者は見当たらないが、インターネット検索したところ「松本喜太郎」がヒットした。彼は一九二八年に東京帝国大学工学部船舶工学科を卒業して海軍造船中尉になっており、翌年一一月から横須賀海軍工廠造船部に勤務し、翌々年一二月に海軍造船大尉に昇官。その後、空母伊吹や戦艦大和の設計に従事したようで、「戦艦大和 設計と建造」（アテネ書房、二〇〇〇年刊）の著書がある。以上の推論を裏付けるように、大和を造るときの参考に藤蔵の資料が海軍に貸し出されたとの話が、野田家や石原家には伝承されているとのこと。

大和のような超弩級戦艦の設計に関与した松本が、なぜ一〇〇トン足らずの木造帆船であるヘダ号に関心をもったかの理由は定かではないが、それらに搭載する（帆走）カッターの参考にしたかったのかもしれない。そうであれば、彼の貪欲な探求心には敬服するしかない。いずれにしろ、幕末に建造された洋式帆船の資料が、戦艦大和を造る際に参考にされたとの話は、正直驚くばかりである。些細なことかもしれないが、興味深い日本海事史上の出来事として記憶されてもよいだろう。

〔追記〕　松本喜太郎が藤蔵資料をもっていた経緯は、次のように推測できる。

戸田の御浜岬《みはまみさき》には一八九八年（明治三一年）に開設されて以来、東京（帝国）大学の水泳場がある。一九〇八年にその地にあった松城家経営の旅館「保養館」を大学が買い上げて学生寮（「戸田寮」）とし、さらに御浜岬一帯の地上権も村から譲渡されてからは、毎年夏になると水泳部が中心になって各種競技会が催され、多くの東大関係者が保養にやってきた。東大生であった松本もその一人だったのではないか。であれば、彼が村民からヘダ号のことを聞き及んだ可能性は十分あるだろう。一九二九年（昭和四年）に横須賀海軍工廠造船部に配属された松本は、短艇部に所属する戸田村出身の野田陸郎を知り、陸郎の叔父熊吉が石原家の養子となっていることから、藤蔵の資料を借り出してもらえないかと頼んだとしても不思議ではない。この二人は親しかったようで、陸郎が制作し熊吉が奉納したヘダ号の四〇分の一の小型模型船が戸田の諸口《もろくち》神社にある。

松本が藤蔵資料を入手した動機はわからない。戦艦大和建造の動きがはじまるのは一九三四年頃のようである。であれば、平岡の記述によれば、一九三四年当時、すでに藤蔵資料は横須賀海軍工廠にあったようなので、直接の入手動機が大和のためだったとは思われない。しかしだからといって、その資料を松本が大和を造る際に参考にした可能性までは排除できない。彼は一九三六年一二月に造船少佐になっているので、それまでに資料は陸郎に返されたと推察される。石原重利氏の話によると、旧海軍から返却された大判封筒の中には「借用書」のようなものがあったそうである。それが見つかり、資料が借用もしくは返却された年月が特定できれば、もう少し事情は明らかになるだろう。

参考文献

（1）伊藤稔：「日本近代造船の礎　洋式帆船ヘダ号の設計図を復元する」（舟艇技報　第一三八〜一四〇号、二〇一九年）。＝本書収録
（2）平岡雅英：「日露交渉史話」（筑摩書房、三四五頁、一九四四年）。

あとがき

中学二年生のとき、長兄の薦めでジョージ・ガモフの「1、2、3…無限大」（白揚社）を読んで、相対性理論や原子の世界を知ったわたしは、すっかり物理学に魅せられてしまった。そして、地元の名古屋大学理学部（そこには素粒子論の「名古屋モデル」で有名な坂田昌一先生がいた）に入学した。せっかく理学部に入学できたにもかかわらず、その学生時代に、物理や数学の勉強はそっちのけで、哲学、思想史、科学論、科学・技術史などの書物を読みふけった時期——たった二年ほどのことだったけれど——がある。それらの本に何が書いてあったのか、もうほとんど忘れてしまったけれど、自然現象に限らず物事を突き詰めて考える習慣だけは——もともと何にたいしても好奇心が旺盛だったことはあるにしても——身についたかもしれない。

長野市にある信州大学工学部で、三〇年以上にわたって物理学の教育と光物性《ひかりぶっせい》の研究をして、定年が間近になったときに考えたことは、伊能忠敬や福沢諭吉が実践・経験した「一身にして、二生を経る」ということだった。つまり退職後の人生を、それまでとはまったく違う環境下で過ごすということである。もちろん新しい仕事に挑戦するのもいいだろうし、現職時代には手が出せなかった趣味三昧の生活もそのひとつかもしれない。そんなわたしが、退職後移り住んだ沼津市で、いくつかの巡り合わせにより「ヘダ号再建プロジェクト会」の立ち上げにかかわったのは、自然な成り行きだったように思う。

この運動の発足当初は、ヘダ号の復元（再建）に必要な設計図は、それなりにはそろっているだろうと考えていた。しかし調べはじめてみると、その資料が驚くほど少ないことがわかった。もちろんヘダ号の建造にまつわる歴史学的もしくは社会学的な研究は多くあり、それらの成果は書物や論文によって知ることができた。ところがその工学的・技術学的な側面の研究となると、ほとんどないに等しかった。その理由をわたしなりに考えてみると、以下のようなことではないのだろうか。

勝海舟が「海軍歴史」の中で、ヘダ号をわが国に最初に導入された西洋式造船術によって造られた船であると評し、その勝の評価を、造船協会が一九一一年（明治四四年）に編纂した「日本近世造船史」において追認したこともあって、日本の近代造船業の発足当初から、ヘダ号のことは関係者の間である程度は知られていた。

幕末期の文献を引用しつつ、ヘダ号建造の経緯をまとまった形で記述したのは、一九三四年（昭和九年）に発行された平岡雅英の「維新前後の日本とロシア」がはじめてかもしれない。第二次世界大戦終結後の一九五四年に、郷土史家であった戸田小学校校長の西岡久夫が、ガリ版刷りの「戸田村に於ける露艦建造」を発表。それをもとに一九六五年に戸田村教育委員会が、小冊子「プチャーチン来航 戸田村に於ける露艦建造」を出版した。その後、ヘダ号関係資料の散逸を心配した戸田村は、一九六九年に村立の戸田造船郷土資料博物館を開設するとともに、村史の第一輯として一九七九年に教育委員会編纂による村誌「ヘダ号の建造 —幕末における—」を上梓した。これ以降、多くのヘダ号に関する学術書や読み物は、この本を典拠とするようになる。

村誌「ヘダ号の建造」が優れているのは、ヘダ号建造の総責任者であった造船取締役の韮山代官江川家の資料を全面的に利用できたことによる。そして、それだけにとどまらず、松城家、勝呂家、太田家など、造船御用掛を務めた戸田村内有力者の資料の発掘と収集に努めたことも大きな力となった。実際そのような有力者たちは、その役目柄、人材や資材、食料などの手配や費用などの記録、さらには幕府役人との間に交わされた報告書や命令書といった様々な書付を残していた。それら数多くの資料を検索・整理して一冊の本にまとめ上げた、文化財専門委員並びに編集委員の方々の尽力には心から敬服するほかない。

しかしこの本には、残念ながら、ヘダ号を復元するのに役立つような記述はほとんど見当たらなかった。唯一あるのは、太田家の資料をもとに描かれた君沢形の設計図とその船体サイズで、しかもその設計図は素人目にも不自然なものだった。ところが調べていくうちに、造船世話掛の頭取だった船大工石原藤蔵の設計図が、戸田造船郷土資料博物館に展示されていることを知った。さらに彼の書付も同所に保管されているとのこと。これら藤蔵の資料を見てはじめて、ヘダ号を復元できると確信できるようになった。

ではどうして、藤蔵資料は村誌「ヘダ号の建造」に収録されなかったのだろうか。その理由を推察するに、ひとつには、この本が勝呂家や太田家など比較的地位の高い階層の人たちの資料をもとに編まれたこと、さらには、設計図といった技術資料に関心を示す人物が専門・編集委員の中に含まれていなかったこと、の二点である。いままで藤蔵の書付と設計図は、存在こそ知られていたけれど、研究対象として取り上げられることはなかった。

本書は、以下の五編の論考からなる。

(1) 日本近代造船の礎　洋式帆船ヘダ号の設計図を復元する
(2) 幕末における日露関係と朝幕関係の推移 ―新しい開国史像を求めて―
(3) 幕末期におけるわが国への船台式ドックの導入
(4) わが国における近代的洋式船建造術の受容に関する一考察
(5) 洋式帆船ヘダ号の石原藤蔵資料と横須賀海軍工廠造船部

このうち(1)は、舟艇協会発行の機関誌「舟艇技報」の第一三八〜一四〇号（二〇一九年）に連載されたものである。本書への収録に当たって、少しでも読みやすくするため、多くの図や写真を加え、記述が不正確・不明確だったところは書き直した。さらに文献資料を、引用ページ番号を含め、より詳細に記した。図などの掲載に際しては、可能な限り転載許可を得るように努めたが、連絡先が不明のためそれが果たせなかったものがわずかながらある。論文(5)は、海事技術史研究会の機関誌「海事技術史研究会誌」の第二〇号（二〇一九年）に掲載されたものである。今回新たに、短いコメントを追記した。それ以外の三編は、この本のために書き下ろしたものである。論文⑵では、プチャーチン来航以前の日露関係を踏まえて、幕末期の幕府と朝廷との関係について議論した。論文⑶では、ヘダ号建造時に導入された西洋式の船台式ドックについて、日露両国の資料をもとに検討した。そして論文⑷では、ヘダ号以降の幕末から明治時代にかけての洋式船の建造と導入の推移を、日本文化の雑種性の視点から考察した。

これらの考察において、物理学の研究で培った、文献資料を渉猟し、推論を積み重ねて仮説やモデルを構築するといった経験が、少しは生かされたかもしれないが、学生時代に読んだ科学論や科学・技術史の知識が有効だったかはわからない。この本が、ヘダ号についての学術書の性格を強くもつ以上、一般の読者層向きではないとの批判は甘んじて受けるしかないが、わたしとしては、できるだけ多くの人たちが興味をもってくれそうなヘダ号関連のテーマを選んで書いたつもりである。記述内容の間違いや推論の誤謬など、わたしの力不足についての指摘は喜んで傾聴したい。

ヘダ号の復元計画を進めるなかで、前沼津市長の大沼明穂氏が一昨年三月に急逝された。享年五八。新人ながら「沼津を世界一元気な街にしたい」との大志をもって市長選に立候補した彼は、再建プロジェクト会の発足当初からの熱心な仲間であった。計画が緒についたばかりで斃《たお》れられた大沼氏の無念を思うとき、彼の生前の志《こころざし》を継ぐことは、残された者の務めでもあるだろう。

本書が日の目を見るに当たって、実に多くの人たちのお世話になりました。戸田造船郷土資料博物館学芸員の筒井久美子氏と戸田在住の佐藤正一、山口展徳、石原重利、水口淳、佐藤寿美の各氏には、石原藤蔵の資料の調査・研究においてひとかたならずご協力していただきました。これらの方々に心からお礼を申し上げます。江川坦庵の業績についてご教示いただいた、江川文庫学芸員の橋本敬之氏のご協力も忘れることはできません。帆船や造船に関する初歩的な質問に助言をしていただいた、岡村造船所の岡村宗一氏と内浦造船所の大沼伸剛氏に感謝の意を表します。出版に際して、大河原晶子氏には校正刷りに目を通すだけでなく、装幀についても工夫をこらしていただきました。本書が少しでも美しく読みやすくなったのは、彼女の親身で丁寧な仕事の賜です。

伊藤　稔

二〇二〇年四月二二日

〈著者紹介〉

伊藤　稔（いとう みのる）
1945年9月14日　名古屋市に生まれる
信州大学名誉教授
物理学（光物性）
理学博士

日本近代造船の礎　ヘダ号の建造

二〇二〇年八月二十六日発行
定価 本体二〇〇〇円＋税

著　者　伊藤　稔
企　画　一般社団法人ヘダ号再建プロジェクト会
発行人　松原　正明
発　行　羽衣出版
〒四二二―八〇三四
静岡市駿河区高松三二三三
TEL 〇五四・二三八・二〇六一
FAX 〇五四・二三七・九三八〇

ISBN978-4-907118-57-0 C0021 ¥2000E